プロカメラマン志穂さんが教える
とっておきの撮影テクニック

ほんのひと手間で劇的に変わる

スマホ写真の撮り方

iPhone Android 対応

本書は
カメラマンの志穂さん、
娘のさくらちゃんと一緒に
スマホカメラの撮り方を
学んでいく本です

「ねぇーママ、友だちにスマホで写真を撮るのが上手な子がいるの、どうしたら私もうまくなれる？」そんなひと言から本書は始まります。そして都合の良いことにママはプロカメラマン。「じゃあ基本から教えてあげるよ」と。スタートは近くの公園から、そして海へ、山へ、渓谷へ、ときには水族館やレストランにも。さくらちゃんの腕前は劇的に進化していきます。さぁ、みなさんもご一緒にスマホ写真の腕を磨きましょう！

ほんのひと手間かければ
今までの写真が劇的に変わります。

第１章　スマホカメラの特徴と写真の基本

こんな写真が…

まずはスマホカメラの機能を知り、
写真の基本を学びます
大きくぼかしたり、明るさや色を変えたりと
知れば知るほど楽しくなってきます

そのほかにも

第2章 旅先で使えるスマホ写真のテクニック

こんな写真が…

旅行に行ったら撮るのが記念写真。
一度は撮ってみたいのが
旅の情緒が伝わるポートレート。
すぐに使える場面ごとのコツを
学んでいきましょう

ほんのひと手間で、こう変わる

そのほかにも

第3章 インテリア・小物と料理の撮り方

こんな写真が…

ほんのひと手間で、こう変わる

素敵なインテリアや
おいしそうな料理。
ときにはフリマ用の写真など
室内写真の撮り方を
まとめて紹介します

そのほかにも

第4章 風景写真の撮り方と表現方法

こんな写真が…

ほんのひと手間で、こう変わる

肉眼で見た感動的な風景が
写真にすると伝わらない。
そんな悩みを解決して
もっと感動的な風景にするための
ポイントを教えます！

そのほかにも

第5章 夜景・イルミネーションと花火の撮り方

こんな写真が…

ほんのひと手間で、こう変わる

夜空に咲く花火は
難しそうに見えてスマホなら楽々。
また夜の撮影では
昼間はできないテクニックが使えます

そのほかにも

第6章　そのほかの撮影機能と写真の編集

こんな写真が…

えっーどうやって撮ったの？
見る人を驚かせる写真も
スマホの機能を使えば
作り上げることができます
失敗写真もサッとリカバリー！

ほんのひと手間で、こう変わる

そのほかにも

CONTENTS

第5章　夜ならではの表現、難しそうな花火に挑戦!
夜景・イルミネーションと花火の撮り方

第6章　カメラアプリの面白機能と写真を修正する機能
そのほかの機能と写真の編集

【ご注意】　ご購入・ご利用の前にお読みください

本書の解説は、iPhone 14 Proをベースにしています。解説している機能は、最近のiPhoneやAndroidスマホであれば搭載されていることが多い機能ですが、お使いの機種により、操作方法が異なることや機能が搭載されていない場合があります。

○掲載情報について

本書に掲載している情報は、2023年9月現在の情報です。アプリやOSのアップデートなどにより、本書の説明とは機能内容や画面図が異なってしまう場合があります。あらかじめご了承ください。

第1章

家の中や自宅の周りで撮ってみよう！

スマホカメラの特徴と写真の基本

写真が上手くなりたいと思ったさくらちゃんは、プロカメラマンのママから本格的に写真を学ぶことにしました。「まずはカメラの機能を知ることだよ！」と話すママ。いつもシャッターを切るだけだったさくらちゃんは、知らなかった機能やそれを使った撮影テクニックに驚きます。最初の章では、さくらちゃんと一緒にカメラの特徴を知ることから始めましょう。

まずはカメラアプリを知っておこう

基本は、3眼のスマホと標準カメラアプリ 不足する機能は Lightroom モバイルを使う

現在発売されているスマホは、機種によってレンズの数やカメラアプリで使える機能はさまざまです。本書では、3つのレンズを搭載しているスマホとiPhone の画面で解説を進めていきますが、使用する機能によっては、アプリ「Lightroom（ライトルーム）モバイル」も併用して説明していきます。

Lightroom モバイル版

Lightroomモバイル版（以下、Lightroom モバイル）は、Adobe 社が提供するアプリで、カメラ機能と写真の整理、編集機能を持っています。カメラ機能については、シャッター速度、ISO 感度、ホワイトバランスといった一般のカメラに近い設定が可能で、多くの機能は無料で使用できます（インストール時に［プレミアム版を試す］は「×」で OK）。

スマホをしっかり構えて ブレを防ぐのが第一歩

構え方のポイント

レンズを指で隠さないようにスマホの枠を持って ブレないようにシャッターを切ろう

スマホカメラできれいな写真を撮るための第一歩はブレを防ぐこと。そのためには構え方がポイントになります。シャッターボタンは、アプリが表示するボタンマークを押すのが通常ですがやや不安定。音量ボタンでもシャッターが切れるので、これを利用すれば、両手でしっかり構えることが可能に。また、ストラップをピンと張るのも効果的です。

両手でスマホの外枠をしっかり持ちましょう

レンズに指がかからないように注意！

ストラップを首に掛けて突っ張るとブレ対策になります

逆向きにすると、iPhoneでは音量upボタン、Androidでは音量upやdownボタン（機種によって異なる）がシャッターボタンとして使えます

ブレを防ぐアイテム

夜間や室内などの暗い場所では より確実なブレ対策が必要

夜の撮影や室内などの暗い場所で撮るときはシャッター速度が遅くなるので、よりしっかりとしたブレ対策が必要になります。その際、市販のスマホ用アイテムを購入するのも1つの手。一般のカメラのように構えることのできるグリップや携帯に便利なミニ三脚、三脚としても使える自撮り棒などは効果を実感できるはず。また、ナイトモードで花火を撮るときなど、スローシャッターを使いたいときは、スマホ用の雲台を使うことでカメラ用の三脚にスマホを取り付けることができます。

スマホ用の雲台があれば、しっかりしたカメラ用の三脚に取り付けできます。雲台部分だけで縦位置、横位置の切り替えも可能

ナイトモードでは、スマホが三脚を感知すると、手持ちより長い秒数のシャッターが切れます。ブレないように、リモコンも併用しましょう

スマホグリップがあると、片手でもしっかり構えられます。シャッターボタンはBluetoothで接続

ミニ三脚を兼ねた自撮り棒は、携帯に便利なサイズで重宝するアイテム。リモコンも付属

カメラアプリを使いこなそう
— 始めに知っておきたい主な機能 —

普段使うカメラ設定を確認しておこう

撮影を行う前に、用途に合った設定をしておきましょう。最初は、撮影した写真データをどのように活用するかによって変更する部分です。撮った写真をSNSにアップするなら効率重視の設定でOK。PCに取り込んでさまざまなアプリで加工を行うなら、互換性や画質重視の設定にしておきます。そのほか、撮影中に便利なグリッド表示をオンにしておくのがお勧めです。

写真に関する初期設定

フォーマット

通常は、容量を小さくできる「高効率」、PCに取り込んで他のアプリで使いたいときは「互換性優先」を選びましょう

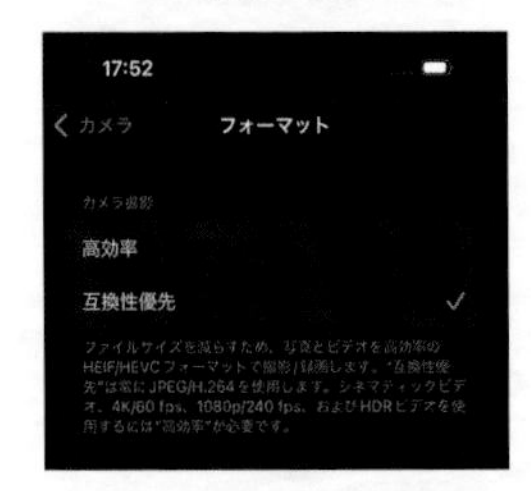

グリッド線の表示（カメラアプリ）

3分割構図（詳細はp.94）が作りやすいように目安となる線を表示します。iPhoneでは、設定からカメラを選び、メニューの「グリッド」をオンにします

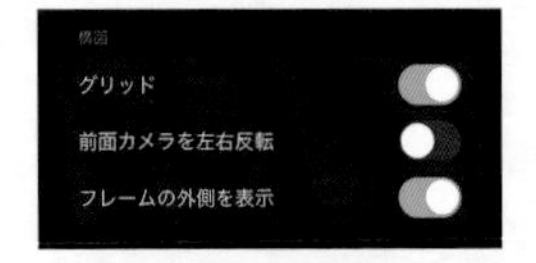

RAW※

「Apple ProRAW」をオンにしておくと、画質をできるだけ落とすことなく後処理で画像調整（現像）が行えます。ただし、データ容量が大きくなるので注意。撮影中はRAWマークをタップすることで、オン/オフができます。iPhone12以降のProモデルのみ使用可能で、Androidも対応機種が増えています

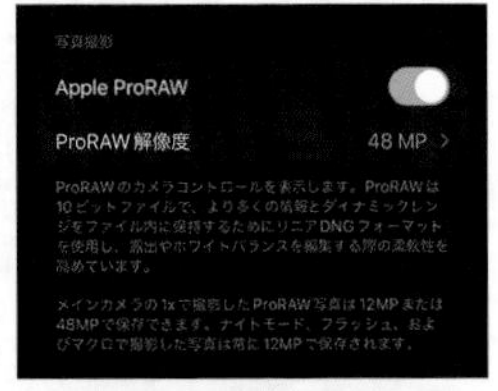

iPhoneのグリッドは3分割の1種類のみ。4つの交点のいずれかを目安に主題を配置すると、バランスの取れた構図になります

※ Lightroomモバイルでは、「ファイル形式」によりRAW（DNG形式）への切り替えができます

グリッド線の表示（Lightroom モバイル）

左上（縦位置では右上）の「…」記号をタッチすると出るメニューから、下記の記号（Androidでは目のマーク）を選ぶと3種類のグリッドが選択できます。また、右端のマークまたは「レベル」をオンにすると水準器が表示されます

3分割線

黄金比線

写真の縦横比

縦横比（アスペクト比）は、スマホカメラの標準では4：3が標準ですが、被写体の特性や表現意図によって変更してみるのもよいでしょう。3：2の比率は、一般的なカメラの比率。iPhoneにはありませんが、Lightroom モバイルでは選べます

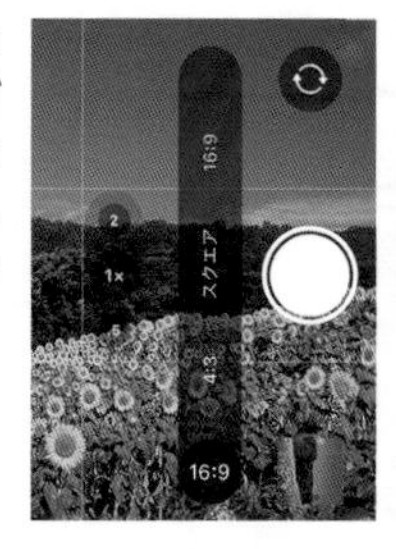

1：1　…面白さと迫力が両立

3：2　…バランス良い比率

16：9　…広々とした爽快感が強調できます

カメラアプリの機能

代表的なカメラ機能はひととおり知っておくと便利

ピント位置を指定して合わせる

スマホのカメラは、画面の中で主題となる部分にオートでピントを合わせてくれます。そのため、普段はあまり気にしなくてよいのですが、意図的に主題を画面の端に持ってきたいときや主題の前側に副題を入れたいときは、手動でピント位置を指定する必要があります。特にピントが合う範囲が狭くなる望遠レンズでは、意識してピントを合わわるようにすれば失敗がありません。

主題が画面の端にあるとき

前側に副題があるとき

ピントの合わせ方

画面上のピントを合わせたい位置をタップするだけ。ピントが合ったところに黄色い枠が表示されます。別なところに合わせたいときは、再度画面をタップします

ピントが人物

ピントが花

明るさを変える露出補正

被写体が見た目どおりになるように
カメラが決めた露出を調整するのが第一歩

写真の露出は、ほとんどの場合、カメラが見た目どおりにしてくれます。ただ、被写体によっては見た目どおりにならずに、やや暗かったり明るかったりすることがあります。そんなときは、露出補正によって見た目どおりに近づけてみましょう。

補正なし（カメラの適正）

＋1（見た目どおりの明るさ）

＋2（イメージした明るさ）

キラキラしたガラス瓶や明るい色の被写体は、見た目よりも暗い露出になりやすいものです。この例では、補正なしだとやや暗く、＋1 補正で見た目どおりです。さらにキラキラ感を出すなら ＋2 補正でも OK です

露出の調整

ピントを合わせた位置を基準に露出を調整するときは、ピント枠の右側に出る太陽マークをドラッグで上下します。露出を確認しながら動かしましょう

全体を見ながら露出を調整したいときは、メニューから±ボタンを押し、メモリを左右に動かしながら調整します

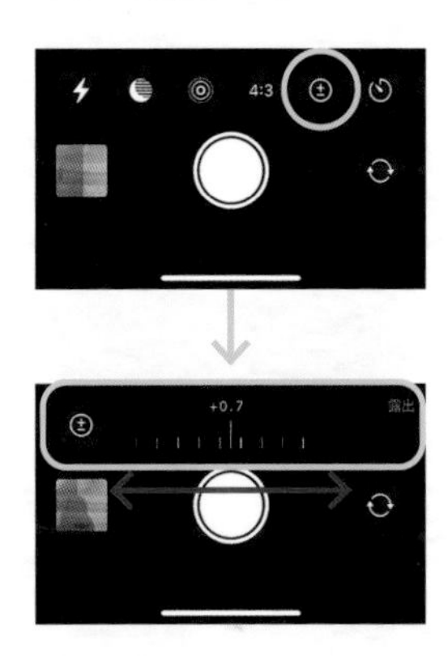

作りたいイメージによって露出の補正値を自由に変更しよう

露出は、見た目どおりだけが正解ではなく、撮影者が意図する明るさに変えていけば表現の幅が広がります。明るくよりもっと明るく、暗くよりもっと暗くするのも自由。いろいろな露出表現にチャレンジしてみると個性的な写真が作れるようになります。

●ハイキー表現

適正な露出に比べて、極端に明るくする表現をハイキー表現といいます。現実感が薄れるので、幻想的なイメージを作りたいときに利用してみましょう。どのくらいの露出補正したらいいのかは状況によりますが、撮影する被写体は白っぽいほうが向いています。

補正なし

＋0.7

ローキー表現

適正な露出に比べて、極端に暗くする表現がローキー表現です。画面の中にアクセントとなる明暗差がないと、単に暗い写真になりやすいので注意しましょう。こちらもシーンの選択が重要です。

－1.5

補正なし

シルエット表現

文字どおり形だけで表現する方法です。背景が明るく、影の形だけで何をしているかがわかることが大切なので場所や時間帯を選びます。方法は、主題がシルエットになるまで露出を落としていくだけ。動いている人では、シルエットがわかりやすい形になるまで何度もシャッターを切るのが成功のコツです。

補正なし

－0.7

背景をぼかすポートレートモード

大きくぼかすためには
ぼかしたいところをピントが合った位置から離すこと

スマホのカメラはレンズの口径が小さくぼけにくいのですが、工夫次第で大きなボケを作り出すことができます。その第一歩が、ピントが合った位置からぼかしたいところを離すこと。下の写真では、まず遠く離れている背景はぼけやすくなり、さらにピントを合わせる人物に近づいているので、よりぼけやすい条件になっています。明らかにボケを感じる写真にするには、スマホカメラの「ポートレート」モードを使います。このモードにすると、右上に「*f*」のマークが現れ、絞り（F 値）を調整できるようになります。値を小さくするほど大きくぼけ、大きくするほど遠くまでピントが合います。なお、調整のときに表示される「被写界深度」とは、ピントが合う範囲のことです。

77 ミリ（3 倍）

ポートレートに設定

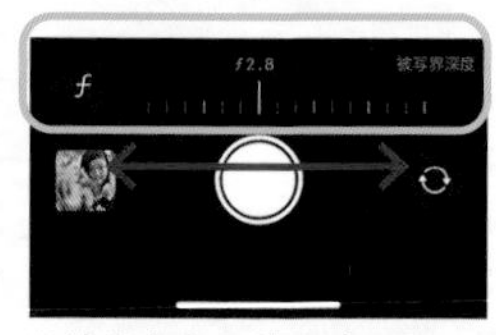

F 値を小さい値にするほど、ボケが大きくなります

ボケを大きくする基本

離れているとぼけにくい

人物に近づく

ポートレートモードに設定して、絞り（F 値）を小さい値に

「ポートレート」モードにすれば、広角でもぼけやすい

24 ミリ（1 倍）

腕を伸ばせば、前側にボケを作り出せます

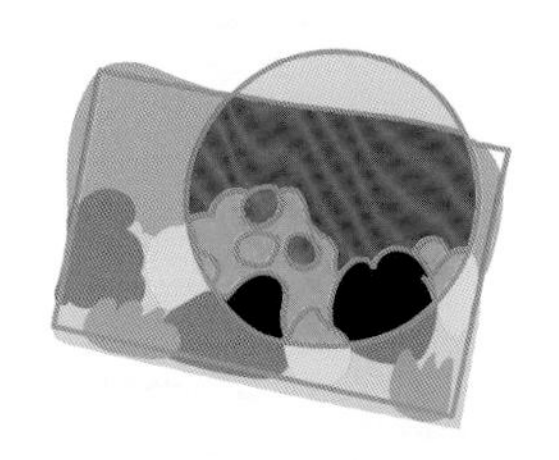

フィルタとホワイトバランス

全体の色味を変えると写真のイメージが大きく変わる

「フィルタ」は、選ぶだけで写真の色味や雰囲気を変えてくれる機能です。iPhone のカメラアプリには 10 種類のカラーエフェクトが用意され、下のように派手な印象やレトロ風な印象、モノクロ写真に変更できます。なお、フィルタは撮影時だけでなく、「編集」により後から変更したり、通常の写真に適用したりすることもできます。

フィルタの選択方法

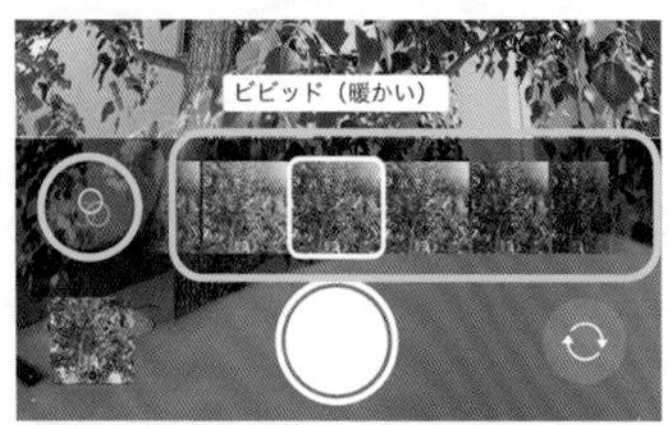

カメラアプリの下矢印でオプション表示にしてフィルタアイコンを選ぶと、カラーエフェクトのメニューが出ます

オリジナル

ビビッド

ビビッド（暖かい）

ビビッド（冷たい）

ドラマチック

ドラマチック（暖かい）

ドラマチック（冷たい）

モノ

シルバートーン

ノアール

白いものを白く見せるだけじゃない Lightroom モバイルのホワイトバランス機能

屋外で撮影していると、晴天や曇りのとき、日陰で写すときでは、同じものを撮っても全体が異なる色味に写ります。また室内でも白色の蛍光灯と電球色の蛍光灯では異なります。ホワイトバランス（WB）は、どのような環境下においても、被写体が本来持っている色に写すための機能で、曇りの日にWBを「曇天」に設定すれば正しい色になります。また、異なるホワイトバランスを選んで色味を変える方法もあります。例えば、晴天時に「日陰」を選べば全体に赤味がかかるので、これを利用すると写真を赤っぽくしたり青っぽくしたりというカラーフィルタのように使えます。なおWB機能は、AndroidやLightroom モバイルには搭載されていますが、iPhoneのカメラアプリにはありません。やや近い機能として、iPhone 13シリーズ以降に搭載された「フォトグラフスタイル」は、撮影時に「鮮やか」、「暖かい」、「冷たい」などを設定しておけば、色味を含む写真の仕上がりを変えることができます。

オリジナル

ホワイトバランス（WB）の変更方法

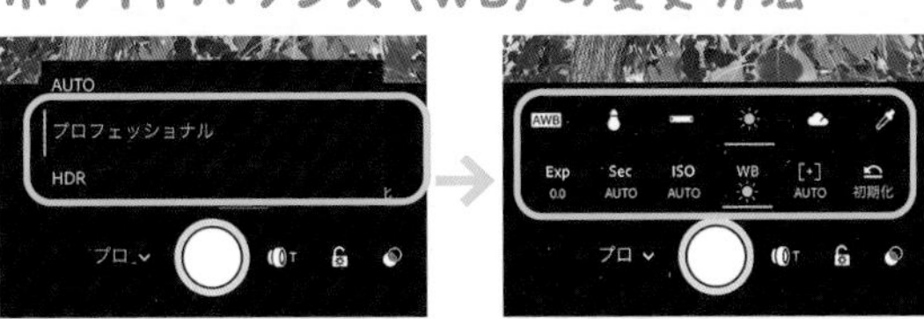

Lightroom モバイルで「プロフェッショナル」モードまたは「HDR」モードにしてWBを選ぶと、すぐ上にメニューが表示されます

タングステン

昼光

蛍光灯

曇天

シャッター速度とブレ表現

普段は意識しなくてもOK!
表現に取り入れたいときに調整しよう

シャッター速度は、表現を含めたブレに影響します。iPhone 標準のカメラアプリにはシャッター速度を調整する機能はなく、主題がブレないようにカメラが自動で調整を行っています。ただし、暗い場所や動きが速い被写体ではブレは発生します。一方、ブレを使った表現を行いたい場合、Lightroom モバイルを使うと調整可能です。ただし調整範囲が限られるため、暗い場所であれば次ページのナイトモードを使ったほうが簡単です。

ブレの種類

ブレには、手ブレと被写体ブレの2つがあります。手ブレは撮影者が動いてしまうことによるブレで、しっかり構えることで防げます。もう1つの被写体ブレは、撮影する前に一声掛けて止まってもらうようにすれば防げます。ただし暗い場所など、条件のよくないところでは難しいこともあります

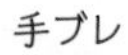
手ブレ

被写体ブレ

表現としてのブレ

ブレを使った代表的な表現が水の流れをなめらかにする方法。これは、シャッター速度が遅くなると、動いているものだけがブレることを利用しています。同様に夜間の光跡写真や花火の写真もこの方法がよく使われます。注意したいのは、ブレているところ以外は、しっかり止まっていること。手持ち撮影では難しいので、三脚を用意することをお勧めします。この写真は、シャッター速度を調整できるLightroom モバイルで撮影しています

1/500 秒

1 秒

ナイトモード

ナイトモードは、暗い場所で撮影するときだけメニューに出現する機能で、明るい場所では選択できません。夜間にフラッシュを使わずに精細な写真を撮るための機能で、シャッター速度を遅くすることで光量を補います。用途としては、夜景や花火、星空などの撮影を想定しており、iPhone では 1 秒～ 30 秒のシャッター速度になります。ただし手持ち撮影では、デジタル処理によるブレ補正を行うためそれほど長い秒数には設定できません。一方、三脚を使用すると自動的にカメラの揺れを関知し、長い秒数に設定できるようになり、下のような応用表現が可能です。

ナイトモードの最大秒数は、三脚の有無や状況によって変化します

ナイトモード自動

ナイトモード最大

2 枚の写真を比べると、ナイトモード最大では波がなめらかに、行き交う船が光跡となって写っています。1 ～ 2 秒のシャッター速度は通常はブレてしまいますが、3 つのレンズで補い合うことで補正を行いブレを防いでいます。

バーストモード（連写）

バーストモードは、シャッターボタンの操作で十数枚の連写を行ってくれる機能です。連写は、目で追うのが困難な一瞬を捉えるのに重宝しますが、手ブレや被写体ブレが考えられるシーンでも有効です。これは、たくさん撮ればブレない写真が撮れる確率が増えるということです。なおバーストモードで撮影した複数枚の写真は、1つのフォルダーにまとめて保存されます。また、選択して個別の写真として保存することも可能です。

バーストモードの操作

iPhoneではシャッターボタンを長押しのまま左へスワイプ、Androidは機種によって異なりますが、長押しまたは下にスワイプでバーストモードになります

シャッターボタンを押したままスワイプすると連写が開始。指を離すと停止します

明暗差を補正するHDR

カメラは人の目と異なり、明るい部分から暗い部分まで、すべてを写真として表現できるわけではありません。したがって明暗差の大きいシーンでは、明るいところに露出を合わせれば暗いところが黒くつぶれてしまい、暗いところに露出を合わせれば明るいところは白くとんでしまいます。HDRはこのような条件で威力を発揮する機能で、露出の異なる写真を合成することで、明暗どちらも表現できるようにしています。

HDRなし

Lightroomモバイルでは、HDRモードに切り替えます。iPhone13以降では自動でオン/オフされます※

HDRあり

露出補正とHDRの違い

補正なし

空に影響され、下半分がつぶれています

露出補正 +1

下半分はクッキリ、空は白くとんでいます

HDR

全体がバランスよく見えるようになりました

※iPhone13より前の機種では、「設定」でスマートHDRをオンにしておくとカメラアプリで切り替えできます

光線の強さと方向はいつも意識しておきたい

日なたと日陰

光の特性を生かして使い分けよう

写真を撮る日は、晴れの日、曇りの日、雨の日とさまざまです。それぞれ光の強さが違うので、その特性を見極めながら撮影するとよいでしょう。よく晴れた日の日中は、太陽の光が上から注ぎ、日なたではバキッとした印象の写真になります。注意したいのは影で、「気がついたら帽子の影が顔にかかっていた」ということにも。そんなときは、人物だけ日陰に入るとやわらかな印象になります。一方、曇りの日や雨の日は、影の心配は必要なく、特に明るい曇り空は比較的撮りやすい条件といえます。

日なたではバキッとした印象

日陰ではやわらかい印象

顔にかかる影に注意

影は樹木や建物などの近くに出るので顔に映り込んでいないか気をつけましょう。また、真上の太陽では髪の毛や顔の凹凸にも影が出やすくなります。こんなときは、日陰に入るか日傘などを使うと解決できます

光線の方向と順光の生かし方

光の種類を見分ければ
同じ被写体でもさまざまな表情を見せてくれる

光には、向いている方向や時間帯によって変わる種類があります。順光や逆光は、撮影者から見た呼び方で、順光は撮りやすい光、逆光はまぶしくて撮りにくい光になります。その一方で、順光で撮影した写真はのっぺりした印象になりやすく、人物が被写体の場合はまぶしい顔になりやすいので、理想的な光とはいえません。そのほかの光としては、真横からの光をサイド光、斜め前からの光を斜光、斜め後ろからの光を半逆光と呼びます。写真に最適な光は、人物でも風景でもサイド光や斜光で、複雑な変化が出てドラマチックな写真になります。つまり朝か夕方が最適ということですね。

人物の撮影には向かない順光も、光に向かって咲くヒマワリならイメージがピッタリです

順光で風景を撮ると、全体はクッキリ写るがやや平面的な印象

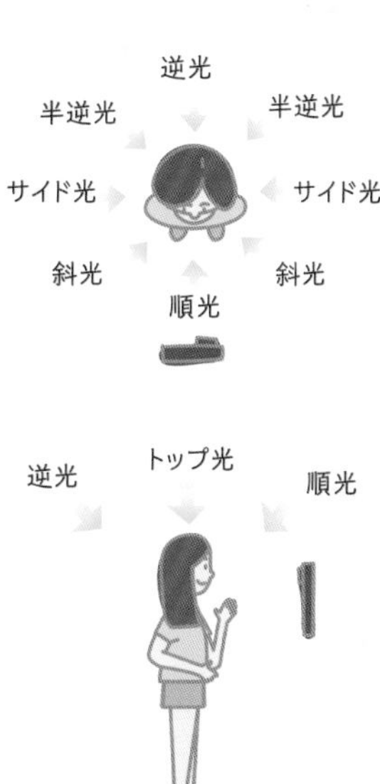

逆光・半逆光の生かし方

使いこなせばバリエーションを作り出せる光

逆光は顔に光が当たらず沈んで見えるため、記念撮影などでは嫌われることもありますが、実はポートレートには最適な光です。顔が暗くなりすぎるようなら、少しだけ露出を上げれば OK。プロのテクニックには、レフ板を使って反射した光を顔に当てて明るくする方法があり、近撮なら画用紙などの白いものでも代用できます。また、髪の毛の輪郭を輝かせるラインライト効果やシルエット表現も逆光ならではの表現です。風景の場合は、強い光がレンズに直接当たると、フレアにより全体が白っぽくなったりゴーストが出たりすることもあります。そんなときは、レンズの上側に手をかざすか撮影ポジションを変えて防ぎましょう。

逆光を利用したラインライト効果

シルエット表現も逆光の表現の一つ。影になるまで露出を落とすことで実現できます

斜光・サイド光の生かし方

そのまま撮るだけでドラマチックなイメージになる

斜光やサイド光では、光が当たっている部分と当たっていない部分が生まれるため、そのまま撮るだけでドラマチックなイメージを演出できます。人物では顔に陰影が出やすいものの立体感が出て良い印象を与えてくれます。表情やポーズを工夫して、さらに雰囲気を加えてみましょう。また風景写真では、光そのものがフォトジェニックな絵になり、光が当たったものは立体感が生まれます。夕方は、撮影の疲れが出る時間帯ですが、少しねばって、斜光・サイド光を待ってみては。

風景では、光そのものがドラマチックに。光があたった波にも立体感が生まれます

人物では光の輝きと陰影が出て印象的です

背景を意識すれば構図作りがうまくなる

撮影方向による背景の変化

わずかに向きや位置を変えるだけでバランスが変化する

撮影中、主題に集中していると背景は忘れがちです。まずは、主題のじゃまになる余計なものが画面に入っていないか注意してみましょう。次に背景が中途半端に切れていないか、主題との位置関係はどうかなどを見極めます。もし、背景に問題があるようなら自分自身が動いてみましょう。わずかに撮影位置を変えるだけで解消できることは多いものです。

△ 背景の位置が主題と同じ

× 背景の石碑の左側が窮屈

× 樹木がじゃまに見える

○ ネコが主役なら建物は切れてもOK

○ 主題、背景ともにバランス良く収まった

撮影アングルによる背景の変化

離れる、近づくだけじゃなく しゃがんで目線を変えてみると良いアングルが見えてくる

　スマホカメラを構えたまま、かがんだり、しゃがんだりといった姿勢はなかなかとれないものです。ただし、いつも背景を気にしていれば、状況に応じて低い位置や高い位置を切り替えるのは容易なことです。「背の低いものは低い位置から、アングルを変えれば背景が変わる」を意識しておけば、構図のバリエーションが増やせます。

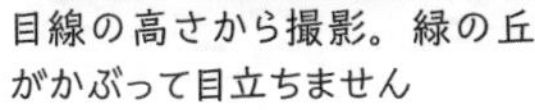

目線の高さから撮影。緑の丘がかぶって目立ちません

近づいて見下ろすように撮影。ミニヒマワリの群生を背景にしました

しゃがんでやや見上げるように撮影。青空が背景にして黄色いヒマワリが際立ちます

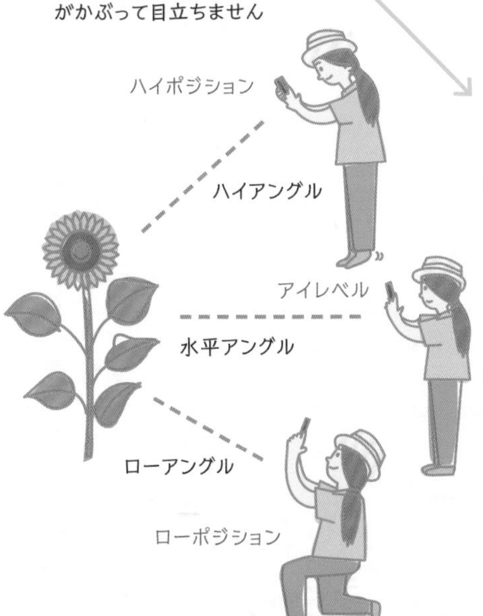

レンズ倍率の特長を生かして使い分けよう

倍率による画角の違い

倍率は写したい大きさを選択するだけ
0.5倍の超広角では広角特有のゆがみが出る

スマホのカメラは、超広角から望遠まで幅広い画角で撮影できます。普段は、1倍や2倍を使うことが多いものですが、ダイヤル操作またはピンチイン / ピンチアウト操作によって任意の倍率も選べます。なお0.5倍は超広角になるため、広角特有のゆがみが生じやすくなります。風景を撮るときは表現の1つとして利用できますが、人物を撮るときは寄りすぎると顔がゆがんでしまうので注意が必要です。

14ミリ（0.5倍）

肉眼に近い視野が写り、特有のゆがみを感じる

24ミリ（1倍）

広い範囲がゆがみを感じることなく写る

48ミリ（2倍）

遠近感が見た目に近く、自然な印象になる

77ミリ（3倍）

遠くのものが大きく写り、やや遠近感がなくなる

0.5 ～ 2、3倍以上は、ダイヤル操作で設定する

レンズ倍率は、よく使う倍率が表示されています。この倍率表示の部分を長押しすると、ダイヤル表示に変わり、最大倍率まで自由に設定できます。画面で大きさを見ながら調整するとよいでしょう

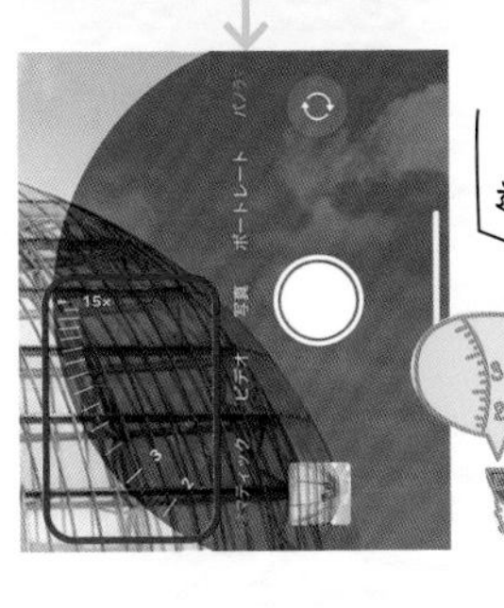

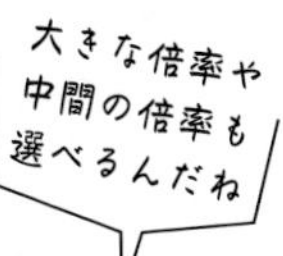

270ミリ（10倍）

遠近感が失われ、肉眼とは明らかに異なる写り

405ミリ（15倍）

望遠鏡をのぞき込んでいるような写り

iPhoneの倍率は、機種によって異なる

レンズ倍率（光学レンズ倍率）に応じた焦点距離（35ミリのカメラ換算）や最大倍率は、表のように機種によって異なります。また同じ倍率で撮影しても、撮影した写真イメージが違う場合もあります。表中の該当する倍率以外を設定した場合は、やや画質が落ちるデジタルズーム※になります。

機種	0.5倍	1倍	2倍	3倍	最大倍率
iPhone15 Pro	13ミリ F2.2	24ミリ F1.8	48ミリ F1.8※	77ミリ F2.8	15倍
iPhone14 Pro	13ミリ F2.2	24ミリ F1.8	48ミリ F1.8※	77ミリ F2.8	15倍
iPhone13 Pro	13ミリ F1.8	26ミリ F1.5	—	77ミリ F2.8	15倍
iPhone12 Pro	14ミリ F2.4	26ミリ F1.6	52ミリ F2.0	—	10倍
iPhone11 Pro	14ミリ F2.4	26ミリ F1.8	52ミリ F2.0	—	10倍
iPhoneSE	—	28ミリ F1.8	—	—	5倍

※デジタルズームは、基本的には焦点距離が近いレンズから切り出すため、その差が大きいほど画質が落ちることになります。iPhone14 Proと15 Proの2倍はデジタルズームですが、48メガピクセル（その他は12メガピクセル）の1倍（メイン）レンズを利用することになるため、画質が目立って落ちることはありません

広角レンズ、超広角レンズ

広角の特長をうまく利用しよう

広角レンズは、焦点距離が短くなるほど大きくゆがんだ写りになります。ただ、それをうまく利用すると、遠近感が出て間近に迫ってくるような効果が生まれます。広角を生かすポイントはグッと近くに寄ること。ゆがんで写る遠近感は寄れば寄るほど顕著になります。広い範囲を写すだけではない、迫力のある広角の世界を作ってみましょう。

被写体に寄るほどゆがみによる遠近感が生まれる

やや離れると（24 ミリ）

近くに寄ると（24 ミリ）

グッと近くに寄ると（24 ミリ）

超広角でギリギリまで寄れば大迫力

24 ミリ（1 倍）

14 ミリ（0.5 倍）

望遠レンズ

拡大され遠近感がなくなるのが望遠の特徴

望遠レンズの特徴は、遠くのものを大きく写せることですが、焦点距離が長くなるほど遠近感が失われてきます。例えば、近くのビルとはるか遠くの富士山が隣り合っているように見えるということ。また望遠で大きく拡大することで、見せたいところだけ切り取ることが可能になります。この特性を利用したのが下の写真です。

遠くのものを大きく写せる

24ミリ（1倍）

48ミリ（2倍）

見せたいところだけを切り取れる

270ミリ（10倍）

COLUMN

スマホ用の交換レンズ

複数のレンズを持たないスマホでも
レンズ交換で表現力がアップするアタッチメント

複数のレンズを持たないスマホでは、デジタルズームにより望遠側はカバーできますが、1倍よりも短い超広角側は使えない機種もあります。そこで利用したいのがスマホ用の交換レンズです。セットで販売されているものは広角側が充実しており、魚眼レンズやマクロレンズ、超望遠レンズも含まれていて、さまざまな表現が楽しめます。

スマホへの装着はクリップ方式

装着アタッチメントはクリップ式で、レンズにかからないように微調整して合わせる。レンズが1つだけのスマホのほうが合わせやすい。超望遠は三脚が必須

超広角レンズ

超広角レンズ（カメラは2倍ズーム）

超望遠レンズ（カメラは3倍ズーム）

魚眼レンズ

第2章

スマホを使って旅の思い出作り

旅先で使える スマホ写真のテクニック

ママから教えてもらった撮影テクニックを身につけたさくらちゃんは、着々と腕を上げていきます。今日は実践編として親戚のユミさんを誘って撮影旅行。ママからは「これまでに教えた写真のテクニックを実践してみて!」と言われプレッシャーを感じている様子。本章では、旅行中に出会ったシーンごとに撮り方を学んでいきます。

望遠レンズで撮れば 不自然に顔がゆがまない

レンズの選択

人物が主題のポートレートなら ゆがみの少ない望遠レンズを基本に

3つのレンズを搭載したスマホでは、0.5倍／1倍／2倍／3倍またはそれ以上に設定することで、超広角から望遠までレンズが切り替わります（倍率に応じた焦点距離は機種によって異なります）。下の3枚の写真は、レンズを切り替えながら人物の大きさが揃うように撮影者が移動して撮影しました。比較してみると、人物の顔は広角になるほどゆがんで写り、望遠になるほどゆがまずに写っていることがわかります。また、望遠になるほど背景が整理されるので、人物に目が行くようになります。一方、周囲の様子を見せたいときは、広角寄りの焦点距離を選択するとよいでしょう。

1倍 /24ミリ

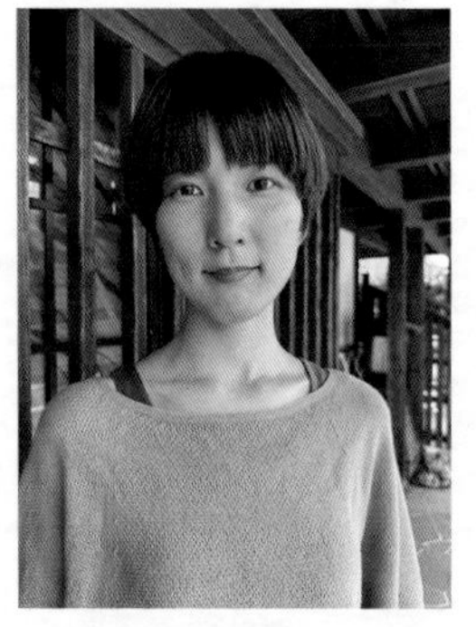

・顔が細く写っているけれど、ちょっと不自然
・背景がややうるさい傾向

2倍 /48ミリ

・顔は程よく自然な印象
・背景がほどよく写り、周囲の状況も適度に入る

3倍 /77ミリ

・顔がゆがまないのでキリッとした印象になりやすい
・背景も整理されている

※焦点距離は、一般的な35ミリカメラで換算

晴れた日中には顔の影に注意しよう

強い日差しの対策

顔にかかる影が気になるようなら前後に一歩動いて日陰に入ろう

良く晴れている日の撮影は影に注意。特にお昼前後は太陽が真上近くにあるので、顔に影が落ちやすくなります。わずかに移動して日陰に入るだけで解消されるので、状況をよく確認すること。日陰に入って暗めに写るようなら、HDR 機能を使いましょう。

晴天時は、木々や電線などのほか、髪の毛や顔の凹凸も影が出る要因になります

Before

After

HDR 撮影

・明暗の差がなくなる
・やや不自然な印象

記念写真を撮るときは人物も背景もきれいに入れよう

構図と撮影アングル

人物でランドマークを隠さないようにそれぞれを寄せるとよい

記念写真では、ランドマークとなる建物や石碑などのモニュメント、山々などの美しい景色を入れて撮ることが多いものです。その際、背景だけに目が行くと人物は小さくなり、人物を大きく入れようとすると背景が隠れたり切れたりしやすいもの。うまく画面に収めるには、それぞれを左右に分けるとうまくバランスがとれます。

×人物、○背景

○人物、×背景

○人物、○背景

◎人物、◎背景

2人のときや3人のときは構図をひと工夫

2人のときの構図

2人で写るときは窮屈にならないよう中央を開けてランドマークを入れよう

ランドマークなど入れて2人で写るときは、横位置が有利。ただし、並んでしまうとやや窮屈な印象になりやすいものです。そんなときは、中央を開けるとうまくいきます。

Before

After

3人のときの構図

3人のときは間延びしないようポーズに工夫を！多少ゆがんでも広角で大きく写せば楽しさが伝わる

3人のときは2対1で並べば中央が空きます。ただ、やや小さくなって間延びしやすいので、手などを使ってポーズを付けてみましょう。また多少ゆがんでも、広角レンズで近寄れば、ポーズや表情もわかりやすくなって躍動感が出るようになります。

ポーズで変化

躍動感を優先

全員がきれいに写る自撮り撮影

自撮りのポイント

手持ちのときは前後の立ち位置を合わせること
腕を伸ばして並びの中央で構えよう

自撮りで記念撮影するときは、スマホを持つ撮影者が前に出やすく、ゆがんで写る要因に。皆の大きさがバラバラになり、不自然な印象にもなりかねません。全員がきれいに写るためのポイントは、前後の立ち位置を合わせることです。特に、3人以上のときはできるだけ近くによると差が出にくくなります。ただし、慣れてくると背景が違うだけでいつも同じ構図になりやすいもの。そんなときは、あえて広角レンズの遠近感を利用すると動きが出てきます。自撮り写真のバリエーションとして挑戦してみるのもよいでしょう。

立ち位置を合わせると自然な印象

できるだけ中央で構えましょう

撮り方を変えて変化をつけよう

あえて広角レンズの遠近感を利用して動きを出すのもGood！

皆でしゃがんで撮れば、高さのある背景を入れやすくなります

自撮り棒などのアイテムを使えば 背景を入れやすく、人数が増えても楽々

手持ちの自撮り写真で人物と背景をきれいに入れようとすると下からあおり気味になり、背景が近いと窮屈になりやすいものです。自撮り棒を使って撮影位置を離すと、背景が入れやすく、一部の人物だけ顔がゆがむのを防げます。そのほか、人数が多くなると全員がいい表情で目線が揃うのは結構たいへん。そんなときは、連写（バーストモード、p.30 参照）で撮れば、全員が納得できるショットを撮りやすくなります。

連写に対応している自撮り棒が便利

自撮り棒は手元でシャッターを切るためのボタンがある。連写に対応するタイプが便利

周辺の景色も撮っておくと記念になる

記念スナップ

全体の寄りや引き、部分アップなどを写して旅の思い出を鮮明に残そう

少しだけ下がって前景を入れると変化が出ます

Before

After

始めに撮った場所

近づきすぎると…天守が見えない！

雲がないと間延びしやすい青空の空間に前景の樹木を入れることで、バランスが良くなりました

記念写真は、人物だけでなく風景やスナップも撮影して残しておけば、楽しい思い出が後から鮮明によみがえってくるでしょう。皆が休憩している間に、一回り散策してみてください。建造物などは、方向が変われば新たな発見があり、光線によって印象も変わります。また全体だけでなく、望遠レンズを使って部分アップも狙ってみると面白い写真が狙えるはず。「いいな」と思ったところを大胆に切り取れば、皆が驚いてくれるかも。

印象深いところを切り取ってみましょう

光のゴーストも使い方次第

大きすぎ

目立ちすぎ

「ゴースト」とは、強い光がレンズに反射して、実際にはない形が出る現象。うまく取り入れると強い日差しを表現するアクセントになります

旅先のポートレートは その場の雰囲気を大切に

構図の工夫

背景に奥行きがないときは 斜めから狙うと奥行きが出る

古い城下町は趣のある建物がたくさんあります。そんな雰囲気をうまく使ってポートレートに挑戦してみました。コツは、その場にある建物やアイテムを生かすこと。記念写真のように、わかりやすい道標やランドマークを入れる必要はありません。道を歩いているとき、目に付いたものを見つけたらうまく利用してみましょう。

造り酒屋に吊り下げられた杉玉。目線をもらわなくてもいい雰囲気。

道路沿いの建物は、奥行きがないため、普通に撮ると単調になり、町の雰囲気も伝わりません。そんなときは、斜めから狙ってみましょう。その場の様子が伝わり、立体感も感じられるようになります

正面から撮ると平面的

↓

斜めから撮ると立体的に

アップにするとポートレート感が出る

撮影者の目線を変えれば落ち着いた印象になる

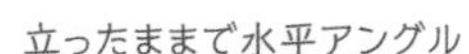

撮影アングル

室内撮影で広く見せるなら座ってポジションを下げて水平アングルに

狭い室内でのポートレートは、目線の違いによって背景の範囲が変わり、イメージ作りにも影響してきます。背景の違いを確認しながら、上下の撮影ポジションを工夫するとよいでしょう。慣れてくると、広い範囲が写る広角（下記の写真はすべて1倍＝24ミリで撮影）であっても、画面に余分なものを入れない構図作りが可能です。

立ったままで水平アングル

座ってもらいハイアングルに

撮影者も座って水平アングルに

すべて１倍で撮影
明るい窓を
画面に入れないのが
コツですよ

その場の明るさと色味で撮る

自動での補正に頼らずに露出補正とホワイトバランスの設定を行う

カメラの設定を変えずにそのまま撮ると、カメラが判断した明るさや色に補正されます。これは良い場合とそうでない場合があります。特に室内で撮るときは、良い雰囲気を残したくてシャッターを切ったのに、撮った写真を見てがっかりしたことはありませんか。そんなときは、露出補正とホワイトバランスの設定を変更してみましょう。

露出補正

明るい窓際は、暗めの室内では撮りやすい場所。ただ、窓の外の背景も生かしたいときは露出補正が必要です。カメラは、人物の顔が適正な明るさになるように露出を調整するので、そのままでは背景がとんでしまうことに。少しだけマイナス補正すると、人物も背景もきれいに写ります

窓際の明るさを生かして撮る

露出補正なし

マイナス方向に側に露出補正

ホワイトバランス

iPhoneのカメラアプリには、ホワイトバランスを変更する機能がないので、ここではLightroomモバイルの「プロフェッショナル」モードを使いました。「AWB」は、オートホワイトバランスの略で、自動で補正されます。これを電球マーク（タングステン）や雲マーク（曇天）にすることで変更できます。なかでも太陽マークの「太陽光（昼光）」は、その場の光を補正せずに生かす設定です

温かみのある部屋の色味を生かす

オート

昼光

電灯の明かりを生かして室内の趣を演出してみよう

設定変更の実践

露出はプラス側に ホワイトバランスは「太陽光」に

歴史ある建物は、内部も魅力にあふれています。なかでも木目の壁を照らす電灯は、現代の明かりとは違った趣があります。小さな電灯は明るさが足りないと思い込みがちですが、わずかな明かりでも顔を近づければ十分に撮影に使えます。ここでは、見たままの印象になるよう露出補正とホワイトバランスを変更。あとは窓枠や手すりなど、余分なものが写らないように切り取るのがコツです。

オートのままだと今ひとつ

補正なし

撮影したのは、階段の踊り場。1人がやっとの場所でも、工夫次第で雰囲気のある写真になります

雰囲気に合ったポーズや構図の工夫も大切

マイナス補正+ホワイトバランス「昼光」で撮影

思い出作りの旅スナップは瞬間を捉えるのがポイント

シャッターチャンスと連写

人物と一緒に動きながら何枚も撮り続けよう 連写で撮れば思わぬ一瞬も捉えられる

旅先で動き回る人物の動きを瞬間で捉えるのがスナップの醍醐味。基本になるのは何枚もシャッターを切ることです。その際に使いたいのが連写モード（「バーストモード」、p.30 参照）。バーストモードにするとボタンを放すまで、高速でシャッターを切ってくれるので、肉眼では見えない一瞬も逃しません。撮影した写真はひとまとまりで保存されるので、その中から、会心の1枚を選ぶだけです。

バーストモードの起動は、シャッターボタンを長押ししながら左へスワイプ。中央には撮影した枚数が表示されます

遠景のスナップは構図がポイント

グリッド表示

3分割のグリッドを表示して 4つの交点に人物を置いてみよう

景色が美しい時間帯では、遠景のスナップを狙うのも良いアイデア。気をつけたいのは、人物が小さいときは動きが伝わりづらく、単調な写真になりやすいこと。3分割のグリッド線（p.19 参照）を表示して、人物を4つの交点に置くようにすればバランスの良い構図が容易に作れます。もちろん風景だけの構図にも適用できます。

人物が中央でも悪くありませんが、やや単調な印象です

上の構図でグリッド線を表示してみると、人物を置く目安（4つの交点）がわかりやすくなります（上のグリッドはわかりやすくするため強調しています）

水平線の位置もグリッドが目安になります。海を見せたいのか、空を見せたいのかによって、上下いずれかの線を選択しましょう

旅の思い出は…やっぱり食べること?

背景をぼかす

食べ歩きや茶店での飲食シーンは
自然な表情を狙えるチャンス！

「ハイ、笑って！」と声を掛けると、子どもはいつもの笑顔を見せてくれますが、意識的に作った表情はワンパターンになりやすいもの。そんなときは、飲食シーンを狙ってみると豊かな表情を見せてくれます。また、ごちゃごちゃする背景を整理するなら、「ポートレート」モードにするとスッキリとぼけてくれます。ただし、ポートレートモードに設定すると自動的に2倍の焦点距離に変わるので注意しましょう。

「ポートレート」モード／2倍（iPhone）

「ポートレート」モードにすると背景は大きくぼけます

「写真」モード／1倍

「写真」モード／2倍

「写真」モードで2倍にしても、背景はそれほどぼけません

大自然の中ではワイルドさを強調したい

ローアングルを生かす

滝の流れに合わせながら ローアングルのポーズを決めよう

森林の間から、勢いよく流れ落ちる滝はそれだけでも絵になりますが、人物を入れるとアクセントになってさらに魅力が増します。ポイントは大自然に溶け込むように撮影アングルやポージングを考えること。ここでは、末広がりの滝に合わせたポーズをローアングルで強調してみました。このアングルなら滝全体を見渡すこともでき、一石二鳥です。

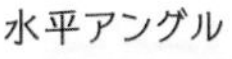
水平アングル

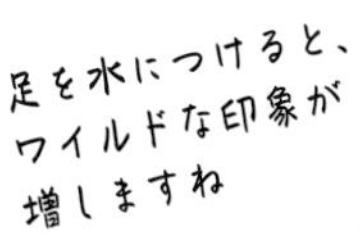

ローアングル

ローアングル

滝を隠さないよう注意して構図を作りましょう

広々とした海と空に負けないように躍動感を演出してみよう

画面の傾け

空を広く見せることを意識して思い切って傾けるのがコツ

広々とした海岸線の夕暮れは、高い青空を意識したさわやかな旅スナップが似合います。写真に動きを出す方法として画面を傾ける方法がありますが、これをうまく利用してみましょう。ポイントは、画面の傾きを利用して青空の面積を広くすること。横位置でも縦位置でも有効です。傾きの程度や方向は自由ですが、微妙な傾きだと失敗写真に見えてしまうので注意。思っていたよりも大胆に傾けるのがうまくいくコツです。

水平では普通の印象

やや傾きが足りない？

空を広く撮ると爽快感がUP！

全身を入れるときは縦位置が有利

夕暮れのイメージを出すときは赤味を加えるのが効果的

ホワイトバランスで色味を変更

プリセットのホワイトバランスでイメージした色味に変更しよう

夕暮れのイメージといえば真っ赤に染まる夕焼けですが、いつも真っ赤というわけにはいきません。そこで、プリセットのホワイトバランスを使って赤味を加えてみましょう。ここではLightroomモバイルでホワイトバランスを変更してみました。手順は、撮影時に「プロフェッショナル」モードに切り替えると出る「WB」からマークを選択するだけです。

昼光（太陽マーク）

AWB（オート）

曇天（雲マーク）

蛍光灯

街灯のわずかな光があったら フラッシュを使わずに雰囲気を出そう

夜の雰囲気を出す

夜の撮影はブレやすいので「動かないで」と声をかけてからシャッターを切ろう

夜の雰囲気は、旅スナップの締めくくりとして撮っておきたいものです。スマホのカメラは街灯のわずかな光があれば撮影可能。もちろんフラッシュをオンにすれば真っ暗でも撮れますが、陰影がなくなるためのっぺりした印象になります。フラッシュをオフにすれば、街灯による陰影と色味がなんともいえない雰囲気を出してくれます。シャッター速度は遅くなるため、スマホをしっかり構えて人物には動かないでもらうことが大切です。

フラッシュあり

1/4 秒

フラッシュなし、1/25 秒

街灯の明るさがあれば、フラッシュなしでも十分に撮影可能です

第3章

さまざまな室内写真のコツ

インテリア・小物と料理の撮り方

庭が美しい洋館のカフェでお茶を飲む二人。「ねえママ、ケーキやレストランのお料理を素敵に撮る方法ってあるの」とさくらちゃん。ママは「料理だけでなくお店の雰囲気が伝わるように撮るといいわね」とアドバイス。この章では、料理に加えて、インテリアや小物、さらにフリマ用写真を魅力的に見せるためのコツを具体的な例で解説していきます。

窓から入る自然光で室内と外の雰囲気を伝える

カーテンの向こう側を見せながら落ち着いた室内を表現する

自然光だけの室内では、窓の外との明暗差が大きくなります。どちらも見せたいときはHDRが有効ですが、ここでは明暗差を吸収しきれず窓の外は白く飛び気味に。それならばと、肉眼で見たままの雰囲気を表現してみました。主題はあくまで室内の花ですが、暗めに抑えられているため、先にカーテン越しの景色が目に入ります。室内の見せ方として、明るく写すだけでないパターンも知っておくとバリエーションが広がります。

カーテン越しの景色に面白さを感じて…

室内を明るく表現（HDRを使用）

カーテン越しの景色が見えるように室内を暗めに表現

ホワイトバランスの「カスタム」で濁りのない被写体本来の色を再現

ホワイトバランス（WB）とは、どんな環境光であっても「白いものを白く写す」ための機能です（p.27）。通常はカメラ任せの「オート」やそのままの光の色を生かすなら「昼光」を選べばよいのですが、自然光と照明などが入り交じる室内では濁った色になりやすいので注意が必要です。被写体本来の色でスッキリした印象に仕上げるには、正しい WB にする「カスタム」設定の操作が必要です。室内撮影で「色味が変だな」と感じたら右下の方法を試してみるとよいでしょう。

カスタムホワイトバランスの設定方法

WB を設定できる Lightroom モバイルを使います。選択メニューから「カスタム」を選ぶと上のような画面に。白い壁など※に向けてシャッターを切る（Android 版では「AWB」をタッチしロックします）と、その環境下での白として認識され、以降はそれを基準に WB が調整されます。

昼光…室内照明の色がかぶっています

オート…光が入り交じった環境ではやや濁り気味です

カスタム …壁の色がスッキリとした白に

※より正確なホワイトバランスにするには、18%グレーが印刷された「グレーカード」で行います

インテリア

明暗差を見極めて インテリアをシックな印象に見せる

いちばん目立つものを白飛びさせないことが大切

室内撮影では、明るい照明や窓の存在が大きなカギとなります。それは明るいものには目が行きやすく、主題に白飛びがあると気になるからです。画面の明るい場所が目立つときは、ピンポイントで露出を決めるスポット測光を使うか、HDRで明暗差を抑えることで白飛びを防ぐことができます。状況によっては2つを併用してもよいでしょう。

露出の測り方で白飛びを抑える

マルチ測光とは、画面全体を考慮して露出を決める方法で、何も操作しないと、この方法で露出が決められます。一方のスポット測光は、画面をタッチした部分で露出を図る方法で、ピント合わせと同時に行われます。右側の写真では電灯部分でスポット測光を行いました

マルチ測光

スポット測光

HDRで白飛びを抑える

露出の調整で白飛びを防ぐと、明るい部分以外は暗く落ちてしまいます。HDRを使うと、全体の明るいイメージをそのままに、白飛びを抑えることができます。HDRを使っても白飛びが気になるときは、露出補正を併用しましょう

HDRなし

HDRあり

景色を含めた窓のデザインを主題にする

古い洋館の窓の形はさまざまで興味をそそられます。また、そこから見える景色も美しく捨てがたいもの。ここでは、窓越しの景色を見せながら窓の形を表現する構図を考えてみました。見慣れた四角い窓では、変化を出すためやや斜めの位置から。珍しい丸窓では、外の景色がきれいに見える角度を探しながら構図を作っています。そのほか、露出操作によって室内側の様子をどれだけ見せるかも考慮しておきたいポイントです。

外の景色をクッキリと残す

外の景色をクッキリ見せながら、室内の様子をわずかに残したいときは、HDRを使うとよいでしょう

HDRなし

HDRあり

景色の見え方で撮影する角度を変える

窓枠と外の景色を主題に、青空と樹木がきれいに見える角度を探しました。下の写真の露出は外の景色を優先していますが、右の2枚は室内もわずかに見せる露出です

正面からの景色

斜めからの景色

ガラスや鏡の映り込みを生かしたインテリアの表現方法

湾曲したガラスに外の景色を映し出す

大きな置き時計にはめられたガラスには、見る角度によってさまざまなものが映し出されます。そこで、周囲をグルッと観察して外の景色がバランスよく映る撮影ポジションを見つけました。ガラスは透過するだけでなく映り込みも発生するので、窓ガラスやショーウィンドウなどを撮影するときには目を付けておきたいポイントです。映り込みをじゃまな存在だと思い込まず、表現に生かす方法がないかを考えてみるとよいでしょう。

正面から

ワンポイントの映り込みが入りましたが構図は今ひとつ

↓

斜めから（内向き）

変化が付きましたが、文字盤の白部分が単調な印象

斜めから（外向き）

外向きに角度の付く位置から狙うと、ちょうど4分の1ほど景色が映り込みました。もちろん映り込む景色が印象を左右します

鏡の映り込みでイメージを膨らませる

鏡はインテリアとして魅力的な被写体ですが、映り込んだものを引き立てる脇役としても使い勝手のよい存在です。ただし注意したいのは余計なものが映り込まないようにすること。撮影ポジションやアングルを微調整することによって、撮影者自身を含む、見せたくないものも隠すことがポイントです。クッキリとした鏡の映り込みは奥行きを生み出し、隠れた部分は閲覧者のイメージを膨らませます。インテリアの中に鏡を見つけたら、ぜひ利用してみましょう。

ピント位置によって2つの表現ができる

鏡に映り込んだ被写体は後ボケのような効果を生み出しますが、ピントを映り込みのほうに合わせれば被写体そのものが前ボケのように見えます。コツは「ポートレート」モードを使ってボケを作りやすくしておくこと。構図を微調整しながら完成度を高めていきましょう。

ピント位置が実像

ピント位置が映り込み

小物撮影の基本は配置と背景を考慮しよう

並べ方の基本は、グリッド線の交点を目安にする

小物の撮影は、1つだけでは見栄えがしないことが多く、主題と副題の2つまたはそれ以上を組み合わせた構図作りが必要になります。置き方は、グリッド（p.18）線を目安にするとバランスが取りやすくなります。1つだけのときは4つの交点のうち手前2つのいずれかに置き、副題が追加されたときは対角の交点に。以下、増やすたびにジグザグに、かつ前後に詰めながらかぶらないように置いていくという形が基本です。

グリッド線の交点とは

スマホカメラの設定でグリッド表示をオンにすると、下のような3分割の線が表示されます（わかりやすいように赤でなぞっています）。この線の交点を配置の目安にします

1つだけ置くとき

グリッドの交点を目安に、中心からずらして手前側に

2つ置くとき

1つ目の対角線上に配置すると互いの邪魔になりません

3つ置くとき

1つ目と重ならないようにして2つ目の対角線上に配置

4つ以上置くとき

それぞれ重ならないように対角線上の配置を繰返します

主題が引き立つ背景の選び方

背景の色や柄を選ぶことは、主題が引き立つようにするために重要です。基本的には主題が柄なら背景は無地に、主題が無地なら背景は柄でも合わせやすくなります。また色も影響を与える要因で、主題が白なら濃い色に合いやすく、濃い目の色なら同系色を選ぶか別の色を選ぶかは、作りたいイメージ次第ということになります。

背景が無地なら合わせやすい

主題の柄や模様を問わず、背景が無地なら合わせやすくなります。色は同系色のほうがマッチしますが、別の色なら主題を浮き立たせることができます。

無地（同系色）

無地（別の色）

背景が柄のときは相性がある

背景が柄のときは主題との相性に考慮する必要があります。主題と背景、どちらも柄のときは合わせにくいのですが、どちらかが別の柄や同系色のときは合うこともあります。ただし大きな柄の背景はそれ自体が目立ってしまうため、主題の柄や色を問わず合わせるのは困難です。

柄（同じ柄、別の色）

柄（別の柄、同系色）

大きな柄

小さなレフ板を作っておこう

レフ板とは、光を反射する板状のものを指します。用途は陰になった部分を明るくすること。ここでは下のように光源と逆方向にレフ板を立てることで、手前側を明るくすることができました。小物くらいの大きさなら、厚紙に白いコピー用紙を貼って自作したもので十分です。

レフ板なし

レフ板あり

小物写真

小物の演出は添え物と映り込みアイテムに工夫を

イメージ → 配置 → 構図の順に考えていこう

小物の撮影は、どんなイメージに見せたいかを考えるところから始めます。清楚なイメージかゴージャスなイメージか、洋風か和風かなど。それによって背景と演出用の添え物を考えます。イメージが固まったら大まかに配置を決めて微調整していきます。コツは添え物が主題より目立たないこと。存在感が出すぎるようなら一部を画面からカットしましょう。

とりあえず置いてみると…

→

まずは配置を整えましょう

→

添え物を試してみます

少し大きめの造花を入れるとカップの花柄とマッチした

添え物を試してみると、小さいものではわかりにくく、ごちゃごちゃした印象に。そこで造花を添えると清楚なイメージにマッチしました。やや存在感が出すぎるので、左右ともにカットして構図を決めました。

そのままテーブルに置くと

アクセサリーが引き立つ演出方法

ネックレスやブレスレット、バングルなどのアクセサリーは、かわいらしくゴージャスに見せたいものです。1つ置くだけでは見栄えがしませんが、2つ重ねたりほかのアイテムと絡めたりすることで画面が充実してきます。便利なのは鏡や光沢タイルなどの映り込みアイテム。特に鏡はそれ自体が演出アイテムになり、何を映り込ませるかで変化します。さまざまな形の鏡を用意しておくと、アクセサリーによって使い分けることができて便利です。

置き方を工夫する

2つ並べておくだけでは今一つですが、重ねることでそれぞれが引き立ってきます

→

鏡を使ってゴージャスに見せる

小さな手鏡は、演出にはとても便利。そのまま置けばアクセサリーが2つに見えてボリュームアップ。キラキラしたものを写せば演出効果満点です

鏡に載せると映り込みによってアクセサリーがボリュームアップします

さらに、鏡に天井照明を映り込ませるとゴージャスなイメージになりました

小物写真

レトロ感あるアイテムはカフェの雰囲気がよく似合う

奥行きのある場所を選べば大きくぼかせる

小物撮影の対象としてオールドカメラや置時計があります。カッコよく見せるには、雰囲気にマッチした場所選びがポイントです。下の写真はカフェレストランにお願いして撮影させてもらいました。事前に店内の撮影場所に目星を付けておき、お客が少ない時間帯に頼んでみましょう。小物とスマホカメラなら許可のハードルも下がるはず。撮影場所の狙い目は、奥行きが取れるカウンターテーブル。ポートレートモードで大きくぼかせばレトロな雰囲気が伝わってくる写真になります。

通常モード

背景が近いと単調な印象です

通常モード

背景をぼかさずクッキリ見せると、煩雑な印象になってしまいます

ポートレートモード

背景をぼかすと主題が浮かび上がります

「フィルタ」機能で時代をさかのぼった印象にする

モノクロ写真やセピア調になる「フィルタ」機能（詳細は p.125）は、選ぶだけでレトロな雰囲気に仕上げることができます。特に下の写真のような古い置き時計はピッタリ合う被写体といえるでしょう。iPhone のカメラアプリには、フィルタ機能として3種類のモノクロが用意されていますが、それぞれ風合いが異なるので、被写体によって試してみると面白いかもしれません。モノクロ以外では「暖かい」が付加されたフィルターがお勧め。合わせて露出やコントラストなど「編集」機能（詳細は p.122）で調整すれば、イメージしたレトロ風写真を作り出すことができるでしょう。

シルバートーン

フィルタ機能として3種類のモノクロのうちの「シルバートーン」は、やや飛び気味の露出になり幻想的な印象を作り出します

元の写真

ビビッド（暖かい）

ドラマチック（暖かい）

目を引いて、正しく伝える フリマ写真のポイント

服を撮るときは「着たい」と思わせるように

フリマ写真を魅力的に見せるメリットは、出品者にとっては高く売れ、購入者にとっては掘り出し物を発見しやすくなること。ただし、過剰に良く見えてしまう写真はトラブルの発生につながります。ポイントは、「競合に負けないように魅力的に見せる写真（売り手の視点）」、「ありのままを正確に伝える写真（買い手の視点）」の両方をカバーすること。前者は形や背景を考慮し、後者は正確な色や質感を伝えるのが第一歩です。

背景がフローリングより…

オシャレなハンガーで壁に吊るしたほうが魅力的に見えます

袖がだらんとしているより…

袖を整えるたほうがきれい

雰囲気を出すため、庭の木に掛けて緑のイメージを出し、スクエアにトリミング

室内光や露出によって正確な色が伝わらない…

服を撮るときの難しさは正確な色が伝わらないこと。色は明るさや環境光に影響され、ときには別な色に見えることもあります。対策方法として、明るさは現物を見て調整すればOK。色はホワイトバランスのカスタム（p.65）を使うと簡単です。

本来の色（WBカスタム）

露出が明るいと浅い色に

WBのズレでグレーに

両方異なると別物に

小さなアクセサリーは細部を見せることが大事

ピアスなどの小さなアクセサリーは、全体がわかる写真に加えて、細部の質感やキズの有無などを伝える写真が必要です。できるだけ大きく撮るのが一番ですが、iPhone 13Pro以降の機種ではマクロ撮影ができるので使ってみましょう。そのほか、ガラスケースなどを使ったイメージ写真も添えると、より魅力的に感じさせることができます。

↓

まずは全体を見せておき、できるだけ大きく写したカットを入れておきましょう。下のようなイメージ写真も添えるとベスト

マクロモード

マクロモードが使える機種では、被写体から2㎝くらいまで寄ることが可能。寄っていくことで自動でマクロモードに切り替わります

並べられた料理は主題と副題に役割を分けよう

「お茶にしましょう！」が伝わる写真を完成させる

レストランで注文すると、コース料理でない限り一度に並べられます（①）。まずは配置を整えてみましょう。ケーキセットのメインはケーキなので手前に。撮影アングルを水平に近くすれば窓の外の庭が背景に入り（②）、「ポートレート」モードで撮ればふんわりぼけてスッキリします（③）。でもこれで撮ってしまうと注文した品を紹介しただけの写真に見えませんか。これは主題のケーキが２つあるから。そこで皿を回転して大きいケーキを手前に置き、主題が1つに見えるようにします（④）。さらに、次ページのように焦点距離による好みの表現を選べば写真の完成です。

料理の配置と撮影アングルを決定する

ここでは出された料理（ケーキセット）を撮影するまでの過程を見ていきましょう。撮影は自然光で。配置と撮影アングルを変えると露出も変化するので、最終的に構図が決まったら調整しましょう

① 置かれたままのケーキセット

② 斜めからなら庭が見えます

③「ポートレート」でぼかしましょう

④ 皿を回転して主題を絞ります

レンズの焦点距離で、見た目の印象と背景を変える

まずは焦点距離による違いを見てみましょう。広角では主題のケーキがゆがんで背景は小さく、望遠ではその逆になります。どの表現が良いかという正解はないので、好みで選べばよいでしょう。

24ミリ
（1倍）

77ミリ
（3倍）

48ミリ
（2倍）

料理写真

おいしそうに見せるには正確な色とリアルな演出が決め手

店内の明かりで撮るときはWB調整が重要になる

WBのカスタムには、ナプキンを使うと便利

雰囲気のあるレストランでは、明るさを落としたやわらかい照明を使っていることが少なくありません。そのまま撮影すると、やや暗かったり電球色がかぶったりすることで、料理そのものはおいしそうに見えないことも。料理写真の第一歩は、料理そのままの色味を再現することです。そのためには、ホワイトバランスの調整（カスタム）が欠かせません（方法はp.65）。露出については、ピンポイントで露出を測るスポット測光がお勧め。方法は料理の中心部分にタップ。さらに調整したいときは、枠の右に出る太陽マークをドラッグしてスライダーを上下します。

マルチ測光では黒ずんだ印象

WBオートでは全体に色がつく

カスタムホワイトバランスで撮ると卵も野菜もしゃっきり見えます

料理写真の構図作りはアイディア勝負

料理写真は、並べ方を含めた構図が重要。さらに、おいしそうに見せる演出はその場のアイディア次第です。同行した食事の相手や店のスタッフに協力してもらえば、バリエーションが広がるでしょう。構図のコツは、写真におけるメイン料理を1つに絞ること。ほかの料理が含まれていても、主題を中心に構図を決めることで魅力が伝わります。

まさに口に入る直前を演出してみよう

この写真のメインはパスタ料理。そこで同行者に手伝ってもらい、口に入れる直前の様子を演出してみました。フォークにクルッと巻いて、少しオーバーに持ち上げるとわかりやすい写真に。撮影に夢中になりすぎると、料理が冷めてしまうのでご注意を！

背景が単調で魅力が半減

カトラリーで演出しました

アングルを低くすれば、店内の様子が伝わります

しっかりと料理を見せたいときは皿をどこまでカットできるか見極めたい

はみ出すように寄った構図で料理の質感まで伝える

料理写真において、皿や器をどこでカットして画面に納めるかは悩みどころ。なぜなら料理に合わせた皿や器は大きさや形、深さもさまざまだからです。基本は皿は余白と考え、料理を中心に見て画面に納めます。余白を多く撮れば、落ち着いた静かな印象を与え、余白を切り詰めればリアルさが増してきます。さらに、マクロ領域まで寄って撮れば迫力満点の料理写真ができあがります。なお、2品を入れるときは皿どうしの間隔を詰め、2品をまとまりとして考えるとバランスを取りやすくなります。

大きい皿は両端をカット

料理のみを捉えて皿をカット

2品なら、ひとまとまりで考えて左右をカットします

料理そのものが少しはみ出すくらいに撮ると迫力が出ます

第4章

美しい景色を、もっと美しくもっと感動的に！

風景写真の撮り方と表現方法

友だちと遊びに行った先で撮った風景写真を自慢するさくらちゃん。ママからは「景色は素敵だけど写真はいまいちね」と…。風景写真は、美しい景色を前に単にシャッターを切る人と、撮る前に試行錯誤を重ねる人では大きな差が出ます。その違いは主題が明確になっていること。本章では、風景の捉え方を大きく2つに分けて解説していきます。

ドラマチックな風景では露出の決め方がポイントになる

刻々と変わる夕日の露出は状況に合わせて素早く調整して撮ろう

朝日や夕日、トワイライトの風景は、日中とは打って変わりドラマチックな景色を見せてくれます。ただし、風景に見とれているとあっという間に状況が変わります。露出補正を素早く行ってシャッターを切りましょう。特に明暗差がある場合は、ある↗

カメラ任せで撮影

何も操作せずに撮影すると面積の多い空を中心に露出が決められます。水田はつぶれて見えなくなりますが夕日の美しさは際立ってきます

空は美しく表現できているが、水田はつぶれて認識できない

露出を変えて撮影

露出を水田に合わせると、水田の明るさがちょうど良くなり、HDRを使っても空はとび気味になります。そこで露出をさらにマイナス補正して撮りました

露出を水田（HDR撮影、補正なし）

水田はきれいに写ったが空は真っ白

露出を水田（HDR撮影、－2補正）

どちらも表現できたが中途半端な印象

程度の差を吸収してくれるHDRで撮影していても、露出補正を誤るとごく平凡な写真になってしまいます。露出の目安は、肉眼で感動した景色をそのまま再現する露出を選ぶこと。人の目は薄暗くなっても暗い部分が真っ暗にはならないので、わずかに見えるようにするのがコツ。下の写真は、水田の様子がわずかに見えるように露出を調整しています。

HDRで空と水田を両方見せる

左ページのシルエットの水田が見えるようにHDRを使って撮影。縦位置の構図にして主題を水田にしました。構図を変えると露出も変わってくるので、面倒でもそのつど露出を補正しましょう。

感動的な光線を捉えたいなら朝方や雨上がりの森林が狙い目

光を感じられる風景は、時間と場所、天候に左右されます。まずは光が斜めから降り注ぐ朝方が狙い目。森林の中なら光と影が複雑に絡み合い、樹木の間から差し込む光をより感じることができます。また雨上がりや水辺なら、植物の緑もクッキリと輝きます。風景写真では、偶然に頼るのではなく、状況に応じて予測することが大切。狙いを付けたら時間が許す限り粘り強く待ってみるのも、良い風景写真をものにするコツといえるでしょう。

光があるとないとでは、印象が大きく違う

風景写真では、光線の見極めが重要になります。光は風景に陰影を加えるだけでなく、光そのものも風景の一部になります。晴れている日であれば、光線の状態は刻々と変わっていきます。スマホカメラを向けるときは、まず光に注目してみましょう。

光が差し込まないとフラットな印象

光が差し込むとメリハリが生まれる

水辺の植物は、グリーンが生き生きしている

濡れている植物は光線を反射してキラキラと輝きます。ただ朝方を逃してしまうと撮影に最適なタイミングに出会うのは困難です。そこで狙いたいのが水辺です。渓流や滝なら、みずみずしい植物と木漏れ日による変化に富んだ光に出会えるはずです。

いつも濡れているコケはみずみずしい

樹木に囲まれた雄大な滝 どう見せるかが腕の見せ所

見栄えのする要素が多いときは、主題を絞るとよい

水しぶきが雄々しい滝に出会ったら、流れを中心に風景を作ってみましょう。ここで使ったのは、シャッター速度と露出補正。周囲にはゴツゴツした岩肌や美しいグリーンもありますが、すべてを見せようとせずに絞っていくことで写真全体が際立ってきます。

シャッター速度を調整して、 表現方法を変えてみよう

シャッター速度を速くすると水の流れは止まって写り、遅くするとブレによって水が流れているように見えます。どちらが良いかは好みによりますが、遅くする表現なら流量が少ない場合でもボリューム感が出ます

1/1000 秒

1 秒

露出補正で滝の流れを際立たせる

補正なしの写真は、岩肌、滝の流れ、周囲のグリーンがともに主張していて三すくみ状態。少しずつ露出を落としていくことで、要素が取り除かれていき、白い滝の流れが際立った写真になりました

補正なし

－0.7 補正

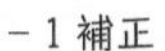

－1 補正

発色と光量をコントロールできる PLフィルターとNDフィルター

カメラアプリの補正以外に光をコントロールできる方法として、PLフィルターとNDフィルターがあります。ともに光学フィルターとよばれ、一般的なカメラで風景を撮影する場合にはスタンダードなものです。スマホカメラ用も販売されており、レンズに合わせてアタッチメントをクリップで挟むだけ。フィルター径を変換するリングを使えばカメラ用のものを利用することも可能です。

スマホ用として販売されている光学フィルターは、クリップで留める方式。撮影中はズレやすいので、レンズにかからないように注意

PLフィルター

PLフィルターは、2枚の偏光ガラスによって光がフィルターを通過する方向を変えて（フィルターのリングを回転する）、被写体にあたる反射の強弱をコントロールします。これにより、青空の色を深く、植物の緑の発色をクッキリと、水面の反射を抑えることで水中がハッキリするという効果が生まれます。

青空とグリーン

光の反射を抑えることで、青空は濃く、樹木のグリーンは発色が良くなります。PLフィルターの前枠を回転することで、反射を変更できるので、調整してみましょう

PLフィルターなし

PLフィルターあり

水面の反射

光の反射が取り除かれると、水中の様子がクッキリ見えるようになります。このほかショーウィンドウのガラス反射にも応用できます

PL フィルターなし

PL フィルターあり

ND フィルター

サングラスのような黒い透過ガラスによって、レンズに入る光を抑制（減光）します。明るい場所でシャッター速度を遅くしたいときや大きくぼかしたいときに使います。代表的な用途は、水の流れの表現ですが、夜間の光跡写真や花火写真などでも活躍します。ND フィルターは、減光度合いが異なる種類が販売されています。

明るい日中でも遅いシャッター速度が使えます

花火大会の撮影

大きな花火大会では、1度にたくさんの花火が打ち上がり、露出オーバーになりやすいもの。ND フィルターで減光するとよいでしょう

横位置構図と縦位置構図、寄りと引きを使い分けよう

風景の構図作りは、試行錯誤も楽しみのうち

風景の構図のバリエーションとして、まず考えたいのは横位置と縦位置、そしてズーミングによる寄りと引きです。一般に、広がり感を出すなら横位置、奥行き感を出すなら縦位置といわれていますが、寄りと引きを組み合わせるとバリエーションは限りなく存在します。美しい風景を目の前にしたときは１枚だけ撮って終わりにせず、気に入った構図になるまで試行錯誤を楽しんでみましょう。

バランスの良い横位置構図

渓谷に架かる橋を中心にして、渓流と山をバランス良く配置。奥の山によって広がり感が出ていますが、特段意図は感じられません

引いてみると

さらに引いてみると

寄ってみると

意図が感じられたら成功

寄ったり引いたり、空の配分を大きく取ったりと試行錯誤していくと、だんだんと表現したい構図が明確になっていきます。さらに個性を出せれば大成功です

ムダのない縦位置構図でも試してみたいことはたくさん

奥側から手前側に伸びる渓谷は、縦位置構図なら間延びすることなく構図が作れます。ただ。もう少し踏み込んで、いろいろ試してみました。最後に決まったのは前景を入れた立体感のある右下の構図。途中の過程も含めて、多くのバリエーションができあがりました

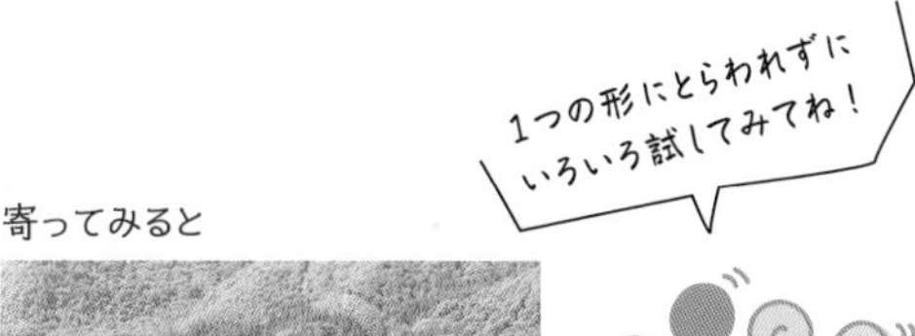

寄ってみると

引いてみると

最後に決まった構図

前景を絡めて立体感をアップ

寄ったり引いたり、空の配分を大きく取ったりと試行錯誤していけば、だんだんと意図が感じられるようになっていきます

バランスの良い構図になる「三分割法」からスタートしよう

地平線や水平線をグリッド表示に合わせるだけ

スマホのカメラ設定でグリッド表示をオンにすると、画面を上下３つに分ける線が表示されます。この線上に地平線や水平線が合うようにすれば、バランスのよい構図になるというのが三分割法です。「真ん中で分けたのでは面白くない」、「なにか中途半端ではしっくりこない」と感じたら、まずはこの方法にあてはめてから、変化を加えていくとよいでしょう。

地平線を下側の三分割線に合わせた

地平線を上側の三分割線に合わせた

ハッキリと目立つ主題なら、4つの交点に置くとよい

三分割法は線だけでなく、4 つの交点を使うこともできます。これは人物や花など、主題がハッキリしている場合に効果を発揮します。交点のどこを使うかによって、構図のバリエーションも増やせます。もちろん横位置、縦位置を問いません。

主題を真ん中に置いた構図

主題を交点に置くと

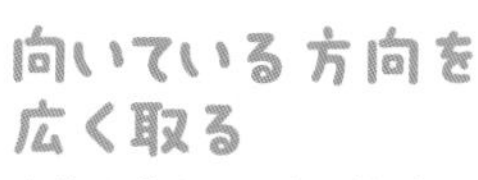

人物や花などの生き物では、向いている方向を空けるのがセオリーで、逆側の空きを大きくすると違和感があります。また複数の花の向きが異なるときは、最も目立つものが窮屈にならないようにします

× 花が向いている側が狭い

○ 目立つ花の前を空ける

レンズの特長を生かして もっと大胆な構図に挑戦してみよう

超広角レンズで、青空を思いっきり広くする

三分割法を使うとバランスが取れた構図になりますが、ときには崩してみると写真に個性が出てきます。その方法はさまざまですが、三分割法を発展させた四分割法を試してみてはどうでしょうか。右の写真は、花畑を広々と見せるため、対比となる空を大きく取っています。さらに、空が大きく見えるように地上を切り詰めたのが下の写真です。このような写真をもとに、新しい発想を生み出していきましょう。

花畑に目が行くように、密度の高いところを狙っています

空を主題にしたかったので、ワンポイントの樹木から放射状に伸びる雲を狙いました

仰ぎ見るアングルで広角レンズの特長を生かす

背の高い樹木を仰ぎ見る構図は、放射線構図と呼ばれることもあります。広角による風景構図では定番ですが、知らないと発想するのが難しい構図なので機会があったら挑戦してみましょう。ポイントは、できるだけ隙間を作らないこと、爽やかに見えるように露出を明るくすることです。また、明るい空との明暗差が大きくなるのでHDRを使う方法もあります。

空は白飛びしてもOK！ 形の違う樹木が入らないように

左の写真のように露出を上げないと、うっそうとした森に見えてしまいます。また右の写真のような色の濃い樹木は爽やかな印象になりにくいので、露出を下げて青空を主題に切り替えています

望遠レンズでゆがみのない迫力を伝える

望遠の特徴は、遠い場所の被写体にも迫ることができること。遊歩道のない場所にある樹木など入り込めない場所であっても、望遠レンズなら近づくことが可能です。また遠近感が薄れた描写は、広角レンズとはまた違った表現が可能になります。

遠近感の出る広角とは異なる描写

寄れば寄るほど遠近感が出てゆがんで写る広角レンズとは異なり、遠近感が出ずに真っ直ぐ写るのが望遠レンズです。この特徴は、倍率が高くなるほど大きく現れるので、2倍や3倍より大きい倍率を選ぶと、より効果が出ます

77ミリ

14ミリ

近くの被写体では全部見せずに切り取る

近くにある被写体では、望遠レンズを使うと全体が写らないこともあります。そんなときは、一部分を切り取る方法があります。これなら無理に距離を取らなくても、望遠らしい描写にできます

全体を見せる（24ミリ）

部分を切り取る（77ミリ）

画面いっぱいより、もっといっぱいになる「はみ出し」写真

存在感のある主題は、画面いっぱいに入れると迫り来るような印象になります。さらにこれを発展させると、4方向をはみ出させる方法、そして一部だけを残して大胆にはみ出させる方法につながります。構図のバリエーションとして知っておくと便利です。

はみ出しをほぼ作らない構図

一部分だけ残して はみ出させる

この写真では、1/4だけ残して、大胆にはみ出させています。誰もが知っている被写体ではすべてを見せなくても見る人が想像力でカバーしてくれます

4方向すべてをはみ出させる

画面から、4方向すべてをはみ出させると生き生きとした躍動感を伝えることができます

撮影アングルを工夫して一面の花畑に見えるようにする

ローポジションから撮ることで切れ目を隠せる

遠くから眺めると美しい一面の花畑。でも花がわかるくらいまで近づくと、通路などの粗が目立っています。そんなときは立ったままからのハイアングルではなく、撮影ポジションを下げてみましょう。花の高さに合わせながら水平に近いアングルから狙うことで、一面の花畑に見せることができます。

葉の色が濃いときは露出を明るめにする

葉の色が濃い花では、花の色より目立つことがあります。そんなときはプラス補正で明るめに。花も明るくなるので華やかな印象になります

第5章

夜ならではの表現、難しそうな花火に挑戦！

夜景・イルミネーションと花火の撮り方

花火大会に出掛ける日、「夜景や花火をうまく撮るのはスマホじゃムリだよね」とさくらちゃん。でもママは「カメラで撮るより簡単で楽しいよ」と。夜景や花火は、コツを知っていれば手軽に撮れる被写体。そして最大の武器が三脚です。この章では三脚を使った夜景やイルミネーションのテクニックから、花火の撮り方、仕上げ方までを取り上げていきます。

わずかな光があれば美しい夜景を作り出せる

明るい背景を利用して形のよい樹木をシルエットで見せる

夜景が美しく見えるのは、華やかな明かりだけでなく、暗い部分とのコントラストも大切な要因です。その代表的な例がシルエット表現。夕景やトワイライトの時間帯では定番の手法ですが、背景の光があれば夜景にも応用できます。真っ暗な場所での撮影は躊躇するものですが、スマホのカメラなら意外に撮れてしまうもの。形のよい樹木やオブジェを見つけたら試してみましょう。

明るいビル群と暗い公園のギャップがポイント！

形の良い大木は、どっしりとした威圧感があります

ナイトモードで水鏡に写る明かりは、穏やかな光になってビル群の明かりと調和します

ナイトモードを使って水面を鏡のように写す

暗い状況時に使用できるナイトモードは、夜景の表現にバリエーションを増やしてくれます。上の写真のようにスローシャッターによって波だった水面が、水鏡のように写り、光の反射も強調されます。一方、通常モードでは波の様子が写りキラキラとして見えます。どちらが良いかは見せ方の意図次第ですが、表現方法として知っておくと役立ちます。

通常モードで撮影した水面は、躍動感はありますが少しうるさい印象です

スローシャッターには三脚が必須

なおナイトモードは、手持ち撮影のときはクッキリと写ることが重視され、それほどシャッター速度は落ちません。三脚（詳細は p.17）を使うとスマホカメラが振動を検知してシャッター速度が変わり、上記のような表現ができるようになります

乗り物や人をぶらすことで不思議な動感が表現ができる

スローシャッターを使って船の光跡を見せる

ナイトモードによるスローシャッターを使うと、発光して動く乗り物の光跡を残す不思議で面白い表現ができます。撮影のポイントは、三脚を使ってスマホが振動しないようにしてナイトモードの最大秒数を増やすこと。乗り物の動きを捉えるので移動量を考慮しながら画面の端でシャッターを切りましょう。撮るたびに結果が違うのも面白いところです。

ナイトモード（手持ち）
1/8 秒
…屋形船はぶれているが形をとどめています

ナイトモード（三脚使用）　…スローシャッターで屋形船がぶれて1本の線のようになりました

人物を適度にぶらして夜景に動きを出す

被写体ブレは避けたいものですが、止まっている人物とブレている人物を１枚に収めると動きが感じられる写真になります。コツは背景はしっかり止めてぶれている人物がわかるようにすること。シャッター速度によって見え方が変わるので、調整しながら何度も撮影してみましょう。ナイトモードではシャッター速度が遅くなりすぎて人物が消えやすいので、Lightroom モバイルで速度を調整したほうが簡単。こちらは暗い場所に限定されないので、昼間でも同様の撮影ができます。

1/25 秒　…通行人が止まって見えます

1 秒　…通行人が完全に消えています

1/10 秒　…通行人が適度にぶれることで動きが出ました

イルミネーションをぼかしてふんわりした印象にする

絞りをコントロールして点光源を大きく見せる

ボケを大きくしていくと、イルミネーションなどの点光源は大きく膨らむ描写になります。大きくぼかすポイントは p.24 でも取り上げましたが、ポートレートモードにすると絞り（f 値）をコントロールすることで、ぼけた点光源の形を変えることができます。絞りを小さい値にしてボケを大きくすればふんわり感が出て、最大と最小の中間の絞りにすれば、正円に近いきれいな丸ボケを作ることができます。

最小の絞り値

ふんわりとしたボケになります。ボケの形は正円ではなく変型した形になります

中間の絞り値

ボケの大きさは抑えられるものの、正円で形がきれいなボケになります

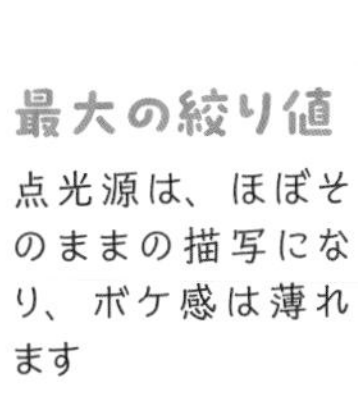

最大の絞り値

点光源は、ほぼそのままの描写になり、ボケ感は薄れます

レンズの前に点光源かざして前ボケを作る

後ろ側のボケだけでなく、前ボケも作ってみましょう。方法は点光源をレンズの前にかざし、ピントはやや離れた人物に合わせます。点光源がピントが合う範囲から外れることで、大きくぼけて形がわからなくなるという仕組みです。点光源の明るさによっては光のハレーションやゴーストが出ますが、それもまた独特の雰囲気と捉えましょう。

点光源をレンズの近くに持ってこないとぼけた感じになりません

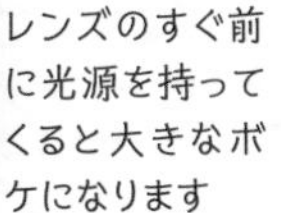

レンズのすぐ前に光源を持ってくると大きなボケになります

花火をきれいに写すには
フレーミングと煙対策が大事

あらかじめフレーミングを決めておき
大きく広がったところでシャッターを切ろう

花火撮影の基本はブレを防ぐことです。手持ちならしっかり構えて、三脚がある場合はぜひ使いましょう。花火が打ち上がり、大きく広がったところでシャッターを切れば通常の撮影モードでも十分に捉えることができます。また、ナイトモードを使うとスローシャッターになるのでたくさんの花火を捉えることができます。ただし、露出オーバーには注意が必要です。特に大規模な花火大会では連続して打ち上がるので、白飛びが目立つようならNDフィルターで光量を落とすか、通常の撮影モードに戻すとよいでしょう。構図は、打ち上がる花火を見越して上部を開けておくこと。少し広めにフレーミングしておけば高く打ち上がっても対応できます。

地上部分を入れると安定した構図になる

シルエットの地上部分は、花火の光では大切な要素です。画面の下側が安定するだけでなく、花火の大きさも伝わります

地上が写っていないと不安定な印象に

打ち上がった花火の開いた部分だけを捉えて華やかで迫力のある花火写真にする

花火の中心部分を狙うのも表現方法の１つです。このとき、単発の花火ではさみしい印象になりやすいので、まとめて打ち上がったところが狙い目。ただし、じっくり待ちすぎると煙が目立ってしまうので見極めも大切です。画面からはみ出ることもありますが、中心部分が収まって入れば、それほど違和感はありません。

邪魔な煙対策はタイミングよく撮ること ダメなら後処理で目立たなくしよう

花火の煙は、大輪の花が開いた直後から発生します。そのため、連続して打ち上がる場合は前の煙が残ってしまうことに。つまり、いったん間が空いて最初に打ち上がった花火を狙うのがよい結果を生みます。そうは言っても、実際に撮影すると思い通りにはいきません。そんなときは後処理（詳細は p.122）に頼るのも手。背景は漆黒で明るい花火とは明暗差があるので、「シャドウ＝暗い部分のみを調整」や「コントラスト＝明暗差を調整」、「ブラックポイント＝暗い部分の強弱を調整」を組み合わせていけば、白く目立つ煙をほぼ見えなくすることができます。

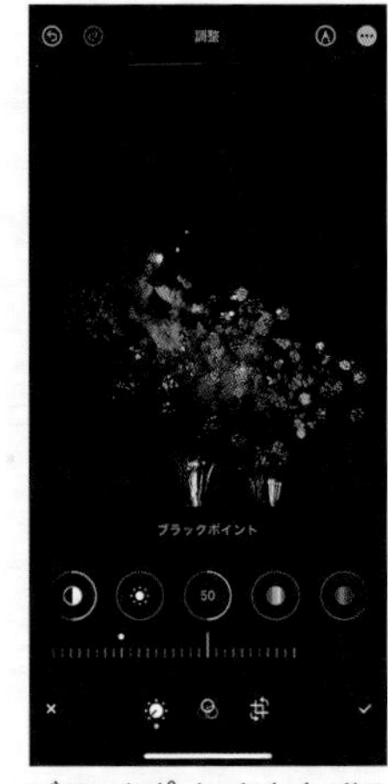

ブラックポイントを上げると煙が消えます

花火の光にかぶると修正できません

花火の光が残っていれば除去できます

薄い煙を取り除くと、花火の色がクッキリと浮かび上がってきます

広めに撮影してトリミングすれば確実に全体を写せる

花火撮影でたいへんなのが、打ち上がる高さを見極めること。1 度フレーミングを決めてしまったら、画面からはみ出さないことを祈るばかり……。それでは失敗写真ばかりを量産してしまいます。対策としては、撮影時に広めにフレーミングしておくこと。後から編集機能でトリミングすれば、バランスのよい構図を作ることができます。

撮影時は広めにフレーミング

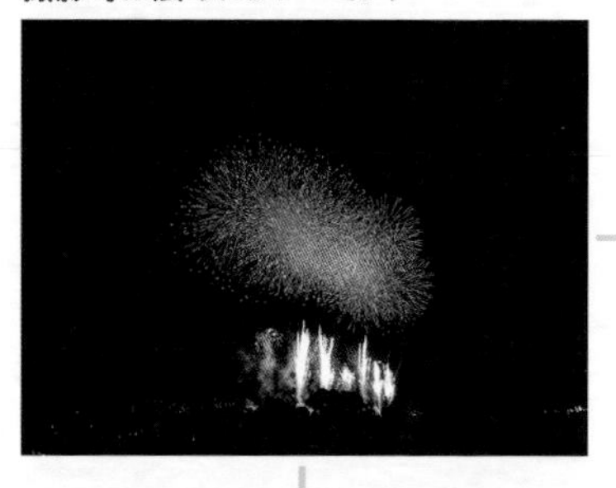

黒い余分を詰めればバランスが取れます

左右の余白が多ければ、横位置を縦位置にトリミングすることも可能。花火の形に合わせて自由な比率にしてみましょう

トリミング画面では、比率を選択したうえで、大きさを変えています（詳細は p.126 を参照）

小さな手持ち花火は
雰囲気の好みで撮り方を選ぼう

花火の光だけで撮ると、色がかぶる場合もある

庭や公園で楽しむ手持ち花火は、光が弱い印象がありますが、花火の光だけでも十分撮影できます。ただし、唯一の光である花火の色がかぶるので注意しましょう。フラッシュやナイトモードを使用した場合は、花火の色はかぶりませんが、明るさや周囲の写り込みに違いが出ます。なお、通常モードのシャッター速度は1/30秒程度なので、しっかり構えれば手持ちでも撮影できます。一方、ナイトモードでは1/5～1/10秒程度になるため三脚があったほうが確実です。

通常モード …花火の色に影響されやすい

フラッシュ使用 …本来の色が出る、雰囲気は△

ナイトモード …暗めに写る、雰囲気は良い

第6章

カメラアプリの面白機能と写真を修正する機能

そのほかの機能と写真の編集

「この写真失敗だよ」と嘆くさくらちゃんに、「ちょっとまって、失敗じゃないよそれ!」とママは言います…。「編集」機能を使うと、失敗したと思っていた写真が傑作に変身。そのほか、カメラアプリには面白い機能がいっぱい。それらの機能と使い方についてまとめて解説していきましょう。

展望台から見下ろす景色をそのまま写真にしてみよう

何度か撮ってみると動かし方のコツがつかめてくる

パノラマ写真を撮るためには、「パノラマ撮影」モードを選択します。シャッターボタンを押し、右のような矢印が出たら撮影開始。矢印を画面のセンター位置から外さないようにして右方向へ移動すればOK！ 撮影中は画面の中央に撮影済みの部分が表示されていきます。動かすスピードが速すぎると「ゆっくり」という警告が出るので指示に従いましょう。撮影の終了は、撮影済みの表示が右端に至ったときですが、途中で止めたいときはストップボタンを押すか、矢印と逆方向にスマホを移動します。最後まで行かなかった場合は、短いパノラマ写真になります。何度か撮ってみると、慣れてきてうまく撮れるようになるでしょう。

スマホを動かす向きを逆にしたいときは、矢印と反対側の部分をタップします

撮影のポイントは、あらかじめ開始位置と終了位置を想定しておくこと。それにより、スマホの動かし方がスムーズになります。また、スマホの縦位置画面は感覚がつかみにくいので、上下中央の景色に目星をつけておくとうまくいきます

後から扱いやすいように
普通の写真も押さえておこう

フルサイズのパノラマ写真は、スマホの画面に表示すると小さくなってしまい、拡大した場合はスクロールが必要です。SNS にアップしたり、共有したりする場合はやや扱いにくいので、普通の写真も撮っておきましょう。パノラマ撮影に夢中になると、つい忘れがちなので注意!

パノラマ撮影を途中で止めると、短いパノラマ写真になります。景色の良い部分だけを切り取りましょう

どこまでも青空が続く、縦方向のパノラマに挑戦！

パノラマ写真は横方向だけでなく、縦方向への広がり感も表現できます。地上からスタートして抜けるような青空を捉えれば、どこまでも続くような見せ方ができます。撮影方法は、スマホを横位置に構えるだけ。矢印が上方向に向くので指示どおりに動かします。うまく成功させるにはスタート地点が大切。しっかり足もとから上へ伸ばしていくと、安定したきれいなパノラマ写真になります。また左右は狭い範囲ですが、主題となる目立つ部分を入れておくことで、見た目の面白さだけでなく見る人を飽きさせないパノラマになります。撮り慣れない比率と縦位置パノラマならではの移動操作に戸惑いますが、うまくいったときの喜びはひとしおです。

上り詰めれば再び地上 宇宙を感じさせる 半周パノラマ

究極の縦方向パノラマ写真とも言えるのが、地上から始まり地上に戻る半周パノラマです。あいだに入る空の部分は、宇宙から見た地球のように見えるのが特徴です。終着点になる地上はのけぞるようにして撮る必要があるので、周囲の状況を確認して転ばないようにサポートしてくれる人を置くと安全に撮影できます。なおパノラマ写真は、移動速度が上がると短くなってしまいますが、決して無理をしないことが大切です。

太陽が沈んでしまったので、主題を稲穂に変更。根元をしっかり入れることで存在感が増しました

選択するだけでライティングが変わる機能

人物でのポートレートに使う場合効果の出方をつかんでおきたい

「ポートレート」モードで使える「照明効果」は、写真スタジオのような照明が手軽に使える機能です。「自然光」はポートレートモードの初期設定で、照明効果はなく背景が大きくぼけます。「スタジオ照明」と「輪郭強調照明」は照明によって印象を変えてくれるもので、顔がわかる大きさで撮ると効果が顕著に現れます。さらに、2種類の「ステージ照明」は、スポットライトのような効果が出るものです。ただし正面からアップで撮ると 、輪郭で切り抜いたようなやや不自然な印象になることがあります。

通常撮影

人物、背景ともにクッキリ写ります

自然光

ポートレートの基本で背景が大きくぼけます

スタジオ照明

中央の顔部分が明るく照らされます

輪郭強調照明

顔の陰影が強調されて印象が変わります

ステージ照明

正面からアップにすると、切り抜いたような不自然な描写に

ステージ照明

背景が暗くなり、中央部分が照らされます

ステージ照明（モノ）

左と同じ効果で、モノクロでシリアスな印象に

ハイキー照明（モノ）

背景が白く、明るいモノクロになります

小物の撮影に使うと雰囲気作りに便利「編集」機能によって後から変更もできる

照明効果によるステージ照明では、円の中にすっぽり収まる形の小物なら、全体を照明の中に入れることができます。照明の強さも調整できるので、試し撮りをしながら整えていきましょう。また撮影時に選択した照明の種類は、「編集」機能を使って後から変更することもできます。例えば、モノクロの「ステージ照明（モノ）」で撮った写真を、カラーの「ステージ照明」にすることなどが可能です。

スタジオ照明

ステージ照明の強さを調整できる

この2つの効果は、少しアップで撮影したほうがわかりやすい

ステージ照明（モノ）

輪郭強調照明

ステージ照明

画面に警告が出ていたら指示に従います。そのまま撮影すると指定した照明にならないので注意しましょう

ハイキー照明（モノ）

音声付き動画写真で思い出が鮮明によみがえる

動画を合成した「長時間露光」で新たな表現が楽しめる

「Live Photos（ライブフォト）※」は、シャッターを押した前後で合計3秒間の音声付き動画を記録する機能です。動画の秒数はわずかですが、後から写真を撮影したときの記憶がよみがえる新しい表現といえるでしょう。撮影した写真は、メニューから指定するだけで動画のループ再生などが楽しめますが、写真として面白いのは「長時間露光」。動画を1枚の写真に変換して、超スローシャッターで撮ったような写真にしてくれます。なお、Live Photosのオン／オフの切り替えは、画面上部の「◎」マークをタップします。

Live Photosで撮影

長時間露光の失敗例

途中で人物が大きく動くと、ブレ写真のように見えてしまいます

長時間露光

「長時間露光」は、動画として記録された複数の写真を1枚の写真にしたもの。この写真では波がぶれてなめらかな表現になっています

※ Androidでは「モーションフォト」という名称で一部機種が対応しています

Live Photos の動画から逃した一瞬を取り出す

Live Photos で撮影されている動画は連続して記録された写真なので、3秒間の動画の中から好きな瞬間を取り出すことができます。これは簡易的な連写機能(バーストモード)のようなものです。方法は、Live Photos の写真を選び、画面下の「編集」をタップ。さらに Live Photos マークをタップすると、十数枚程度の連続写真が表示されます。このうち、写真の上に点のマークが付いたものが現在の写真として保存されているカットです。左右にスクロールさせて、良い一瞬を探してみましょう。元の写真より気に入ったものが見つかったら、タップして「キー写真」にすれば写真が変更されます。

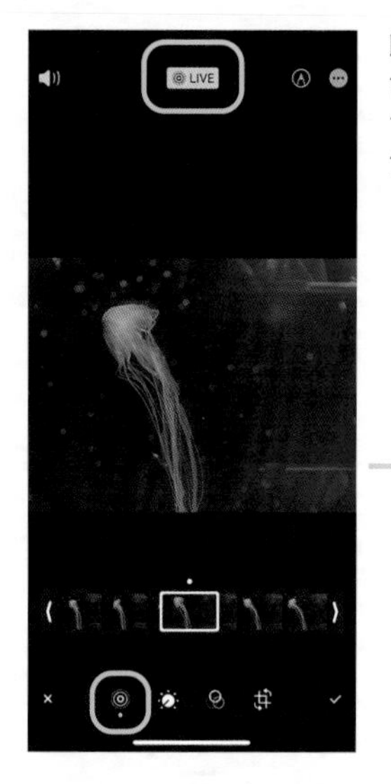

Live Photos で撮影した写真を選んだら、下のメニューから「編集」を選択。さらに Live Photos マークをタップします。左右のスクロールで写真を選んでタップすると、「キー写真に設定」と出るので文字をタップすれば選択完了。最後に右下の ✓ で確定します

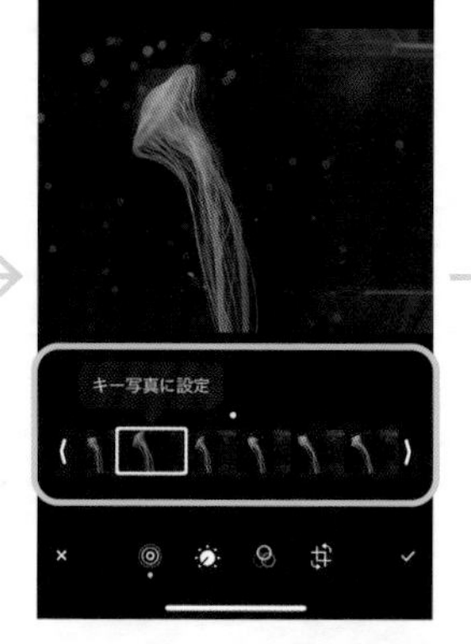

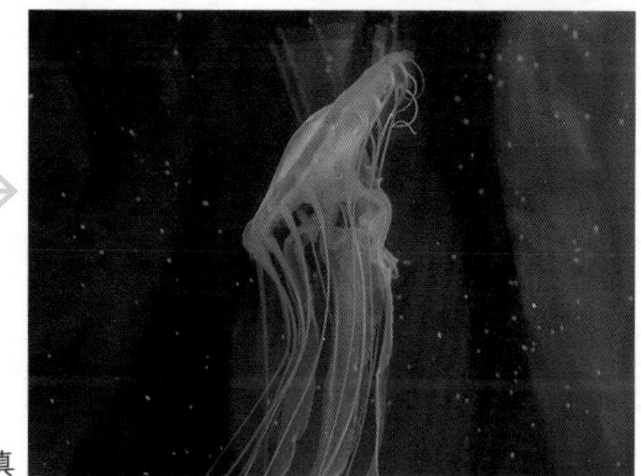

新しく選んだ写真を別途保存したいときは左端のマークを押して「写真をコピー」を選びます

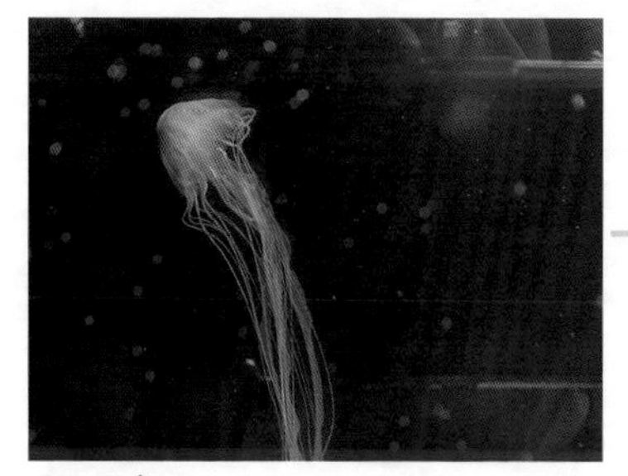

元の写真

動画から取り出した写真

撮影した写真を調整して完成度を高める

慣れないうちは、「自動」をベースにして補正を加えよう

iPhone 写真アプリの「編集」(Android では Google フォトで同様な機能を実現可能)には、十数種類の調整項目が用意されています。使いこなせば調整項目を組み合わせて高度な補正を行えますが、慣れないうちはまず「自動 (オート)」を使って調整を行い、さらに気になる部分の調整を加えていくとよいでしょう。ここでは、代表的な調整項目とその効果を解説していきます。

自動

下のような調整項目を自動で組み合わせて、見栄えの良い写真にしてくれます。さらに目盛りをスライドするとバランスの強弱を変更できます

自動（右方向）

自動（初期値）

自動（左方向）

- 露出 ……… 写真全体の明るさを調整
- ブリリアンス ……… 明暗をバランス良く調整
- ハイライト ……… 明るい部分のみを調整
- シャドウ ……… 暗い部分のみを調整
- コントラスト ……… 明暗差を調整
- 明るさ ……… 写真全体の明るさを調整
- ブラックポイント ……… 陰影部分の濃さを調整
- 彩度 ……… 色の鮮やかさを調整
- 自然な彩度 ……… バランス良く色を調整

花を夏らしく見せる

真夏の雰囲気を伝えようと、ローアングルで花を狙いましたが、やや暗い印象。強い光を感じるように葉の暗い部分を明るく調整しました

①自動 …右方向（明るめ）
②シャドウ …右方向（65）

元の写真

→

補正した写真

石像に深みを出す

光沢のある石像ですが、明るめの露出になったため質感が今一つ。深みが出るように調整しました。「自動」のみでは空の白さが目に入るため、「ハイライト」で明るい部分のみ落としています

①自動 …左方向（暗め）
②ハイライト
…左方向（－45）

元の写真

→

補正した写真

空と緑の彩りを増す

植物豊かな庭園風景。やや沈んだグリーンと白っぽい空が気になるところです。「自動」にすると鮮やかになりましたが、やや派手な印象。「自動」で少し暗めにし、空の質感を見ながら「ブリリアンス」を調整しています

①自動 …左方向（暗め）
②ブリリアンス
…左方向（40）

元の写真

→

補正した写真

写真の色味を調整してみよう

自動で補正を行わない
露出補正とホワイトバランスの設定を

写真の色味は、自動（p.122）による調整で変更される「彩度」と「自然な彩度」、自動による調整では変更されない「暖かみ」と「色合い」があります。これら4つの調整項目を組み合わせることで、写真をさまざまな色味に変化させることが可能になります。

色味の変更方法

「調整」ボタンから「暖かみ」、「色合い」を選んで目盛りを調整します。「暖かみ」と「色合い」の両方を調整すると、より複雑な色味に変更することも可能です。さらに色の濃さを調整したいときは「彩度」や「自然な彩度」を使いましょう

暖かみ －80（朝のイメージ）

暖かみ

…暖かみ（黄）と冷たさ（青）のバランスを調整

暖かみ ＋80（夕方のイメージ）

調整（色味を変えたいとき）

フィルタ機能（次ページ）

色合い －80（新緑のイメージ）

色合い

…マゼンタ方向とグリーン方向のバランスを調整

色合い ＋80（初秋のイメージ）

「フィルタ」機能なら選ぶだけで色味変更が可能 風合いの異なるモノクロ写真も作り出せる

写真におけるフィルタとは、レンズに色や特殊効果のガラスをかぶせること。これをデジタル処理で再現したのが「フィルタ」機能で、写真全体に薄い色がかかり彩度やコントラストなども変化します。iPhoneのカメラアプリには6種類のカラーフィルターのほかに3種類のモノクロフィルターが用意され、風合いの異なるモノクロ写真を作り出すこともできます。なおフィルタ機能は、撮影時と編集時のどちらでも変更できます。

オリジナル

ビビッド

ドラマチック

モノ

シルバートーン

ビビッド（暖かい）

ドラマチック（暖かい）

ノアール

ビビッド（冷たい）

ドラマチック（冷たい）

写真のトリミングと傾きを補正する

余分な部分を取り除くトリミングと主題を立たせて構図を整えるトリミングがある

トリミングとは、撮影した写真から必要な部分を切り出すことです。トリミングには2つの用途があり、その1つは思いがけず写り込んでしまったじゃまな要素を取り除くことです。もう1つは、撮影時には思いつかなかった構図に変更すること。失敗救済の意味合いもありますが、より良い写真にするために行う手段となります。そのほか、縦横比を変更して印象を変えたいときもトリミング機能を使います。

トリミングの方法

まずはトリミングのボタンをタッチ。すると写真全体を囲む白枠が出るので、コーナーや4辺の太い部分をドラッグしてトリミング範囲を決めます。上部のマークをオンにすると、縦横比の操作が可能。「オリジナル」にしておくと元の比率を保ったままトリミングできます

画面の右上に、思いがけず電線が写っていた

元の写真　トリミングした写真

人物が小さく、周囲の木々に埋もれてしまった

元の写真　トリミングした写真

傾きによる不安定さを解消
あえて傾きを加えれば躍動感を出すこともできる

写真の傾きは、水平線や地平線、建物などの比較となる対象物があるときに気になってくるものです。特に微妙な傾きは不安定な印象を与えるため、意図せず傾いた写真になったときは修正しましょう。一方、バランスの良い傾きであれば表現の1つとして捉えることができます。きちんと地平線が保たれている写真でも「おとなしいな」と感じたら、大き目に傾けてみると躍動感を感じさせる写真に変えることができます。

微妙な傾きは気になるが、大きな傾きは表現の1つ

傾き補正の方法

トリミングボタンから、「傾き補正」をタップ。すると目盛りが出るので、左右どちらかに傾けるかを決め、その度合いを操作します。指を離すと確定し、元の比率を保ったままトリミングされます

大きく傾けたいときは、主題の周囲に余裕のある写真を使いましょう

●装丁・本文デザイン……………… 渡辺ひろし
●カバー・本文イラスト…………… 渡辺ひろし
●編集・執筆……………………… YTC
●状況写真………………………… 高原マサキ、YTC
●モデル…………………………… 一丸友美、吉住さくら
●担当……………………………… 藤澤奈緒美

●撮影協力………………………… 洋食 古時古時

ほんのひと手間で劇的に変わる
スマホ写真の撮り方
[iPhone Android 対応]

2023年 11月 8日 初 版 第1刷発行
2024年 5月10日 初 版 第2刷発行

著 者 吉住 志穂

発行者 片岡 巌
発行所 株式会社技術評論社
東京都新宿区市谷左内町 21-13
電話 03-3513-6150 販売促進部
03-3513-6166 書籍編集部

印刷／製本 大日本印刷株式会社

定価はカバーに表示してあります。

造本には細心の注意を払っておりますが、万一、乱丁（ページの乱れ）や落丁（ページの抜け）がございましたら、小社販売促進部までお送りください。送料小社負担にてお取り替えいたします。

ISBN978-4-297-13747-2 C3055
Printed in Japan

●問い合わせについて

本書に関するご質問は、FAX か書面でお願いいたします。電話での直接のお問い合わせにはお答えできませんので、あらかじめご了承ください。また、下記の Web サイトでも質問用フォームを用意しておりますので、ご利用ください。

https://gihyo.jp/book/2023/978-4-297-13747-2/support

ご質問の際には、書籍名と質問される該当ページ、返信先を明記してください。e-mail をお使いになられる方は、メールアドレスの併記をお願いいたします。

なお、ご質問は、本書に記載されている内容に関するもののみとさせていただきます。

◆問い合わせ先

〒 162-0846
東京都新宿区市谷左内町 21-13
株式会社 技術評論社 書籍編集部
「ほんのひと手間で劇的に変わる スマホ写真の撮り方」係
FAX：03-3513-6183
Web サイト：https://gihyo.jp/book